U0258460

与达尔文
共进晚餐

Dinner with Darwin

Food, Drink and Evolution

［英］乔纳森·西尔弗顿（Jonathan Silvertown）——著

任烨——译

中信出版集团｜北京

图书在版编目（CIP）数据

与达尔文共进晚餐/（英）乔纳森·西尔弗顿著；
任烨译. -- 北京：中信出版社，2019.10
　　书名原文：Dinner with Darwin: food, drink and
evolution
　　ISBN 978-7-5217-0780-9

　　I.①与…　II.①乔…　②任…　III.①博物学－普及
读物　IV.①N91-49

　　中国版本图书馆CIP数据核字（2019）第133955号

与达尔文共进晚餐

著　　者：［英］乔纳森·西尔弗顿
译　　者：任烨
出版发行：中信出版集团股份有限公司
　　　　　（北京市朝阳区惠新东街甲4号富盛大厦2座　邮编　100029）
承 印 者：鸿博昊天科技有限公司

开　　本：880mm×1230mm　1/32　　　　印　　张：9　　　　字　　数：167千字
版　　次：2019年10月第1版　　　　　　　印　　次：2019年10月第1次印刷
京权图字：01-2019-4432　　　　　　　　　广告经营许可证：京朝工商广字第8087号
书　　号：ISBN 978-7-5217-0780-9
定　　价：56.00元

献给我的兄弟，阿德里安

晚宴菜单

晚宴邀请函

有关食物的书实在太多了。在这种情况下，仍然要选择阅读一本与食物有关的书似乎是一种背道而驰、不合时宜的做法。但你有没有想过，有关这个话题还有哪些内容没有被提到呢？我确实想过这个问题，那是一个下午，我在加州大学戴维斯分校藏书丰富的图书馆里，为了不吵醒在窗边打盹儿的疲惫的学生们，我蹑手蹑脚地浏览着食物类图书的分区。那里从朝鲜蓟到仙粉黛葡萄酒，全都是研究和介绍饮食各个方面的书，光是浏览书架上那些书的标题就能学到很多知识。《熏制食品零基础指南》（*The Complete Idiot's Guide to Smoking Foods*）大概已经阻止了很多愚蠢的读者把烤肉误会成烟斗丝。①

谁会想到大部头的《食品中的气泡》（*Bubbles in Food*）之后还会有一本篇幅更长的续篇《食品中的气泡2》（*Bubbles in Food 2*）呢？书架上的那些有关肉类和馅饼的书中，有一本名叫《以牛肚为食》（*A Diet of Tripe*）的书，谁会想到这本书里并没有讲如何以煮熟的牛胃内壁为食，

---

① smoke既有"熏制"的意思，也有"吸烟"的意思。——译者注

而是通篇在抨击食物盲从现象，尤其是素食主义。还有一本名为《别再吃牛肉了！》（*No More Bull!*）的书，作者以前是一位牛仔，内容是宣扬严格的素食主义，如果这两本书的作者见过面的话，那我认为《手持馅饼》（*Handheld Pies*）的作者应该也在一旁推波助澜。还有一本还算比较严肃的书，是牛津大学举办的食物与烹饪专题研讨会的会议记录，这次研讨会在古犹太香肠、特兰西瓦尼亚炭烤面包、平板烤鲥鱼以及不明发酵物这些方面取得了丰硕的知识成果。那些对工业设备感兴趣的厨师还能在这里找到《超高压双螺杆挤出机食品加工》（*Food Processing by Ultra High Pressure Twin-Screw Extrusion*）。

因此，在与食物有关的书确实非常多的情况下，不妨假装你现在拿着的并不是书，而是一封晚宴邀请函。要是你和我一样，那么有再多的邀请函也不嫌多。不过这次的晚宴有些特别，这将会是一场思想盛宴。当然，所有的饭菜都在大脑中，吃所触发的感觉正是在这里被处理和感知的，不过我想请你换一种方式来思考我们吃的东西。

比如，鸡蛋、牛奶和面粉有什么共同点呢？如果你喜欢下厨，就会马上意识到这些都是做薄煎饼的主要食材，不过还有一个更有趣的答案。鸡蛋、牛奶和种子（制作面粉的原料）都是在进化过程中为了滋养后代而产生的。深入思考一下这个简单的事实，就会发现背后其实大有文章。这本书正是着眼于这一点，除了薄煎饼的原料以外，还会为你奉上一顿包含14章内容的"大餐"。

我们吃的所有东西都有自己的进化史。每一个超市的货架上都塞满了进化的产物。尽管家禽肉上的标签不会让我们想到它在侏罗纪时代祖先的"保质期"，过道上的价格标签也不会暴露前哥伦布时期的美国人对玉米进行6 000年人工选择的事实。所有的购物清单、食谱、菜单和原料都包含着无声的邀请——和进化论之父查尔斯·达尔文一起用餐。

在1859年达尔文的《物种起源》（*On the Origin of Species*）出版之前，自然界中那些显而易见的精巧设计（比如宝宝吃的母乳所具有的完美营养品质）都被认为是证明有设计者存在的确凿证据，而且这位设计者只能是上帝。不过，达尔文给出了另一个答案：自然选择。自然界中的万物各不相同，其中一部分通常是经遗传获得的。例如，成人对牛奶中乳糖的耐受性各不相同，而这种耐受性在很大程度上是由基因决定的。自然选择是对遗传变异的筛选过程，也就是通过一点点、一代代的积累，以牺牲那些适应性稍差的基因变异为代价，使更能适应当地环境的基因变异保留下来，从而改善生物体的机能。这个渐进演化的过程是盲目的，没有任何意图、计划或者目标。

在这些自然选择推动的进化所产生的精巧设计的背后，没有任何设计者。尽管这听起来可能很矛盾，但这个过程不仅造就了我们的食物，也造就了人类。我们与食物的关系就展现出我们自己和我们吃的东西的进化过程。了解这些关系可以让你的大脑和胃都变得充实。如果你对长单词很感兴趣，那你可以把这个了解的过程称为"进化美食学"（evolutionary gastronomy），或者你可以简单地说，我们要用进化论来做一餐饭。

《物种起源》的第一章就是关于动植物驯化的，因为达尔文认识到，育种者用来培育新品种的人工选择过程就类似于自然选择。育种者带来的这种累积式的巨大变化，也证明了自然选择这一渐进过程可能达到的结果。乍看起来，这似乎有些奇怪，动植物的可塑性竟然强到允许我们改变其原有的进化路径，并可以很容易地使其满足我们特定的需求。但这是可行的，因为人工选择本身就是一种进化过程，事实上我们并不是在妨碍进化，而是在与之合作。

人工选择对于动植物进化过程的控制，和工程师通过运河、大坝和堤防来塑造地貌，借助重力将水引向预定的方向，从而控制河流流向的方式是一样的。育种者通过选择产生下一代的个体来控制基因的流动，剩下的工作就由遗传学来完成。要完成这个过程，有两点是必需的：育种者想要影响的特征在个体间必须有差异，而且这种差异中的一部分必须是可遗传的。

正是自然选择推动的进化过程让鸡蛋、牛奶和种子具有了一定特征，才能允许我们把它们做成薄煎饼。为了弄清楚这是如何发生的，我们先从一个鸡蛋说起，因为它不仅象征着开端，而且很有可能是进化带给我们的最万能的一种食物。鸡蛋不仅可以通过炸、煮、炒、炖，甚至是腌制，变得非常美味，它还称得上是一种"有魔力"的食材，能使蛋奶酥、蛋糕、乳蛋饼和蛋白酥皮变得蓬松，鸡蛋还能稳定蛋黄酱和酱汁中互不相溶的油基和水基的成分。鸡蛋的营养非常丰富，它包含了小鸡发育所需的全部养料，而且在厨房里可以保存很长时间，因为经过进化的蛋壳不仅能防止鸡蛋变干，还能保护其壳内物质不受细菌和真菌的侵蚀而腐烂。鸡蛋这些有用的特性是怎样进化的呢？

鸡生蛋，蛋又生鸡，因此"鸡蛋相生"（Chicken-and-Egg）的这个说法就是用家禽的生命周期来比喻任何没有明显起点的循环局面。但如果我们从进化的角度来看，先有鸡还是先有蛋的难题是很容易被解开的：蛋是在鸡出现之前进化出来的。鸟类是一支爬行动物的后代，这类爬行动物就包括标志性的食肉恐龙——霸王龙（*Tyrannosaurus rex*）。从在中国发现的那些保存完好的化石中，我们已经知道许多恐龙是有羽毛的。所以，鸡的羽毛和蛋都是从爬行动物祖先那里遗传来的。事实上，恐龙也会筑巢，而且和一些鸟类一样，雄性和雌性恐龙似乎都要参与孵蛋。鸟类实际上就是活着的恐龙。

1859年，也就是达尔文发表《物种起源》的那一年，有人发现了一些恐龙蛋化石，这也是最早被科学地描述的一批恐龙蛋化石。发现的地点在法国南部的普罗旺斯，发现者是让–雅克·普埃奇（Jean-Jacques Pouech）神父，他是一位天主教牧师和博物学家，他非常确定这些化石属于一只巨大的鸟。法国这个为我们带来煎蛋卷和蛋奶酥的国家，也是爬行动物祖先的蛋（也就是现在鸡蛋的祖先）最先被发现的地方，从某个角度来说，这看上去还是很相称的。尽管如今在世界各地都发现了恐龙蛋，但法国南部仍是此类化石发现的热点地区。

在生命的进化史上，由矿物质构成的外壳保护的蛋最早出现在爬行动物中，但外壳之内的结构则在很久之前就出现了，并且彻底改变了陆地上生物的生存方式。最早完成从海洋到陆地过渡的动物是两栖动物，但和现在的蝾螈和青蛙这类典型的两栖动物一样，它们胶状的卵在空气中缺乏保护，很容易变干。因此，尽管两栖动物的成年个体可以在陆地上生存，但它们仍然必须将卵产在水中，否则卵就会皱缩而亡。

一切都因一种薄膜的进化而改变了，这种膜被称为羊膜，它把胚胎包裹在充满液体的羊膜囊中。羊膜囊正是进化通过最有效的途径来解决问题的典型代表。你几乎可以听到约3.1亿年前，从上石炭纪的原始沼泽林中传来的"推销员"的叫卖声："胚胎变干了吗？我们有个新点子！那就是把它放进这袋水里。"事实上，薄煎饼中还包含着第二个体现陆地生物适应性的例子。

羊膜的出现是鸡蛋进化过程中的关键一步，而种子在3.6亿年前的进化起源与之非常类似。羊膜囊帮助动物解决了如何在陆地上繁殖的问题，种子也帮植物解决了同样的问题。最早的种子植物是由陆生祖先进化而来的，后者需要生活在潮湿的环境中，让卵子和精子在液态水中结合，就像现在的蕨类和苔藓一样。种子植物之于蕨类植物，正如羊膜动物之于两栖动物。在这两种情况下，最大的改进都是进化出了一个充满液体的囊来保存胚胎，然后在其周围包裹一层含有充足养料且能防止脱水的外壳。

接下来，我们来看看薄煎饼的第三种原料，也就是牛奶的进化过程。母乳喂养幼崽是我们哺乳动物的一个典型特征，而且所有物种的哺乳方式都是一样的，需要借助专门用于泌乳的腺体。线索就藏在"哺乳动物"（mammals）这个名字里，因为哺乳动物是有乳腺（mammaries）的动物，而且产奶量大得惊人！在美国，平均每只奶牛年产9.5吨牛奶。而对于最大的哺乳动物蓝鲸来说，据估计一只体重100吨的哺乳期雌性蓝鲸每天会为自己的幼崽生产近500磅[①]的乳汁，其中包含的能量足以维持400人一天的日常生活。

在达尔文生活的时代，人们对于哺乳动物、鸟类和植物的进化过程以及生命的了解还比较粗浅，如今有越来越多的细节以惊人的速度被揭示。这都是因为我们现在能够轻松地测定和比较不同物种的基因组。一套基因组本质上就是一本食谱，比如鸡的基因组中就包含了将一颗受精卵变成一只鸡所需的全部指令，还有这只鸡的细胞和器官完成一切活动所需的全部指令，其中就包括对于进化和烹饪都极为重要的一项任务——繁衍更多的鸡！

基因组用与核酸基本单位的化学名称有关的字母来表示。虽然只有

---

① 1磅≈0.45千克。——编者注

四个字母（各自代表不同的核酸基本单位），但为了能让细胞制造出各种各样的蛋白质，由这些字母组合而成的DNA（脱氧核糖核酸）序列有可能非常冗长且复杂。这些类似于食谱的组合实际上就是基因。一些根据基因"食谱"制成的蛋白质（例如蛋黄中的蛋白质）是食物分子，而其他基因会产生一种叫作酶的特殊蛋白质。它们能加快（或者说催化）生物化学反应，比如，我们唾液中的淀粉酶能将淀粉分解成单糖。还有一类基因能控制其他基因被打开或者关闭。细胞就像一个小型自动化厨房，任何时候都在依照成千上万份食谱进行烹饪，并且根据需要不断地调整改进烹饪的成果。

基因组中不仅包含活跃基因，还有拟基因，后者是先前某些基因的"幽灵"。尽管这些拟基因不再有用，但每当有新一代基因诞生时，它们仍然会被原封不动地复制下去。真正起作用的基因会被准确地复制和修正。任何偶然发生的致命错误都会被自然选择消除，因为那些携带者在有机会把遗传缺陷传给后代之前，可能就已经死掉了。然而，一个基因一旦不再起作用，复制中产生的错误就不会对生存或繁殖所必需的环节产生影响，因此错误就会累积，从而导致基因序列随着时间的推移变得越来越无意义。一个拟基因丧失功能的时间越长，其序列就越不同于那些仍然起作用的基因的序列。所以，在被几百代个体弃置之后，食谱开头的那句"打散一个鸡蛋的蛋清"（Beat the white of one egg）可能会被误传成"吃一个鸡蛋的蛋清"（Eat the white of one egg），而再经过几千代的时间，甚至会变成"次整个茶叶蛋鸟"（Tea the wheti of done gg）这种更混乱的组合。

合成蛋黄和牛奶所涉及的不同基因序列，反映了从产卵的祖先到用乳汁喂养幼崽的胎生哺乳动物之间发生的演化过渡。在我们自己所属的哺乳动物谱系中，与那些在鸡身上发现的相类似的卵黄基因在3 000万年到7 000万年前就变成了拟基因。而那个时候，制造乳蛋白的基因早就出现了，所以一定存在一个中间阶段，也就是哺乳动物产卵又产奶的时期。人们将鸡和卵生哺乳动物鸭嘴兽的基因组进行比较后发现，鸡身上的某一种能制造卵黄蛋白的基因在鸭嘴兽的基因组中仍然处于活跃状态。因此，正如我们所预料的那样，鸭嘴兽的基因组既包含乳蛋白的基因，也包含卵黄蛋白的基因，这证明鸭嘴兽是哺乳动物从卵生向胎生过渡时的孑遗物种。

鸡蛋、种子和牛奶都是为了解决每位父母都熟悉的一个基本问题：我们该如何保护和养育后代？尽管这听起来有些荒诞，但薄煎饼的这三种原料的进化的确是地球生物进化的转折点。

薄煎饼通常不会被当作开胃菜，但我希望它能让你对我们即将讨论的话题产生一种期待。现在，让我带你浏览一下菜单的其他部分。所有原料都保证新鲜，而且都是就地取材。另外，我想说的是，你可以按照我安排的顺序来"品尝"这本书，或者如果你愿意的话，也可以"随意单点"——按照你自己确定的顺序来阅读。在这本"菜单"上，你是找不到咖啡、水果和坚果的，因为它们在我的上一本书《种子的故事》（*An Orchard Invisible: A Natural History of Seeds*）中已经提到过了。难道你不讨厌某种食物反复出现吗？

烹饪是人类营养学的基础，我们将在第2章中看到，这项非常古老的实践是人类进化的关键。此外，大约7万年前，当人类迁移出非洲时，依靠吃水生贝类动物来维持生命的行为也是很关键的一步（第3章）。以驯化动植物为基础的农业是我们如今的饮食基础。第4章就像做白面包卷时被缠绕在一起的面团一样，将农业萌芽时期对作物的驯化过程与面包的历史融合在了一起。

接下来的两章是关于人类如何进化出味觉和嗅觉，从而使我们对植物和其他食物的化学性质能够做出反应，也就是我们怎样选择哪些可食用，哪些不可食用，从而使生命得以延续。我们会在讲到汤（第5章）和鱼（第6章）的时候提到这些话题。

我们已经为作物设定好了进化的路径，但在摄入粮食的过程中，它们也影响了我们自己的进化。但是，不管那些把书架压得吱嘎作响的古代饮食书籍上写了什么，你都要注意进化并不是命中注定。大量吃肉并不会让我们的身体状况变得更好，因为这是在旧石器时代进化带给我们的改变（第7章）。我们是杂食动物，除了一些非常明显的约束之外，进化并没有规定我们必须怎样表现，或者我们必须吃什么。对我来说，"永远不要吃比你的头还要大的东西"始终是一条非常好的忠告。美食作家迈克尔·波伦（Michael Pollan）曾经说过，在众所周知的三条简单道理中就包含着你能获得的最好的健康建议：好好吃饭，主要摄入植物性食物，不要吃太多。

从蔬菜中就可以很容易地看出，进化对我们的饮食几乎没有什么约束（第8章）。我们已经找到了一些巧妙的方法，可以将那些不太理想甚至有毒的植物加工成美味的食品，使人类又多了4 000种可以食用的物种。如果你想为可食用植物的多样性举办一个庆祝活动，可以效仿苏格兰植物学会的成员们，他们在2013年举办了一场圣诞蛋糕食谱竞赛，为了选出原料中植物种类最多的食谱。最终获奖的食谱包含54科的127种植物，有人按照食谱烤制出了这个蛋糕。光是顶层的装饰配料就包括糖制长山核桃、核桃、腰果、扁桃、松仁、芝麻、白芷、椰子片和包裹着巧克力的咖啡豆，还有很多表面撒满糖的干花，包括紫罗兰、报春花、薰衣草、迷迭香、琉璃苣、迎春花、雏菊和金盏菊。

植物不能像动物那样依靠逃跑或者飞走来逃避敌人，因此进化迫使它们采取了一种防御策略。就像学校的书呆子往往没什么运动能力一样，植物在化学实验室里的优异表现弥补了在野外表现出的迟缓和脆弱。因此，植物无法迅速移动的这一简单事实对烹饪产生了深远的影响。我们将在第9章中看到，香料的味道、芥末和辣根带来的刺激、生姜和辣椒的辛辣，以及植物的所有药用效果都是因此产生的。

在第10章，我们会探讨烹饪的放纵，而这种放纵主要表现在迎合人类对糖和脂肪的原始欲望的甜点上。在第11章，我为你准备的奶酪已经发酵得恰到好处，有让人无法忽视的香味。我们在自然界中找不到与奶酪直接等效的东西，这是它和其他食物不同的地方，但这种由牛奶和微生物创造的甜品中包含了一种进化产生的酵素。说到发酵，在第12章中，我们会像兴高采烈地飞向腐烂水果的果蝇一样化身成"酒鬼"。嗜酒者和苍蝇都会被酒精所吸引，为此我们应该感谢酵母及其与酒之间长久的进化关系。

倒数第二章（第13章）仔细探讨了对饮食来说非常基本，以至于总是被视为理所当然的一个问题：我们为什么要分享食物？进化给出的答案在任何时候应该都是人们用餐时的最佳谈资。我们的结论是，连餐馆也是有进化起源的。最后在第14章，我们将着眼于食物的未来，以及基因修饰将在食物进化中所扮演的充满争议的角色。现在，请跟随我入席，祝你胃口大开！

地图 1 人类的出现及食肉习性的进化

嘉宾

烹饪动物

烹饪造就人类的观点由来以久。1785年，苏格兰传记作家和日记作者詹姆斯·博斯韦尔（James Boswell）写道："我对人类的定义是一种'烹饪动物'。在一定程度上，野兽有记忆、判断力，也具有我们大脑中所有的器官功能和情感，但没有任何一种野兽会烹饪……"博斯韦尔在达尔文出生之前就写出了这段话，所以他并没有提出任何与进化有关的论点，但烹饪对人类至关重要的观点在其他人看来，也是他们直觉上认为是正确的结论。在科学里，直觉通常不会被当作证据，但我们会看到，在这件事上，直觉才是关键证人。

　　根据博斯韦尔的说法，既然没有野兽会烹饪，而人类又是"烹饪动物"，那么一个明显的问题就是，这种习性是如何进化的？我们的类人猿近亲基本上都是素食者，靠吃树叶和水果生活。大猩猩只吃植物，而黑猩猩在有能力的时候会捕捉和进食动物，不过这只是一种投机行为，它们主要还是以水果为食。尽管一直有人说黑猩猩的聪明程度足以烹饪，但它们并不能胜任。黑猩猩和我们人类的共同祖先一定是素食者，所以食肉且会烹饪的人类是从纯素食的先祖分阶段进化而来的。

　　我们和其他动物之间的鸿沟（不仅是饮食和烹饪，还有智力、语言、大脑尺寸和身体结构方面）看起来很大，这是因为我们在进化路径上不知不觉跟随的那些中间物种都已经灭绝了。我们是世界上最后幸存的人属物种，而在这个世界曾经有几种我们应该称之为姐妹种的生物，还有几十种我们的祖先和近亲。总的来说，我们都是"人族"。

　　我们人类是来自非洲的物种。查尔斯·达尔文甚至在没有任何化石证据之前，就根据其他类人猿（黑猩猩和大猩猩）来自非洲的事实推断出了这一点。如今，不仅有大量的化石证据证明人类起源于非洲，而且在我们的DNA中也能找到支持这一结论的信息。正是遗传密码中的突变或细微的变化，让我们能够通过比较DNA序列来重建进化树。这一重建的过程和通过姓氏继承来确定相关的个体和绘制家谱图的方式非常类似。

　　以我自己的姓氏西尔弗顿（Silvertown）为例。我的祖父出生在波兰，姓西尔伯施泰因（Silberstein）。在他4岁的时候，一家人移民到英国，最后我的祖父在那里开了一家裁缝店。第一次世界大战爆发时，这个听起来像德国人的名字对生意很不利，所以大约在1914年的时候，我的祖父把姓氏变得更像英语，改为西尔弗顿。这种变化是对当地情况的一种适应，在进化过程中这样的情况每时每刻都在发生。当然，基因突变是随机的，而我的祖父很清楚自己在做什么。我有一张他自豪地站在裁缝店外面的照片，头顶就是那块写着"西尔弗顿"的招牌。他的生意日渐兴隆，家族也不断壮大，现在所有姓西尔弗顿的人（据我们所知）都是我祖父的后代。

　　其他姓西尔伯施泰因的人也希望名字读起来更像英语，不过改成了西尔弗斯通（Silverstone）。在进化术语中，西尔伯施泰因的两种变体都被称为共有衍征。共有衍征可以用来重建家谱图或者进化树。如果你姓西尔弗顿，那这个共有衍征就告诉我们，你是我祖父母杰克和珍妮的后代。如果你姓西尔弗斯通，你就属于家谱图的另一个分支，而我们有一位更遥远的共同祖先。变异总在发生。人们经常把我的名字错写为"西弗顿"（Silverton）。如果我或者我家族中的某个人决定随大流，采用这种更简单的写法，那么这种变体就会被算作一种新的共有衍征，所有姓西弗顿的人也都是我祖父母的后代。

现在，我们还是回到人族的话题上。在达尔文于1871年出版《人类的由来》（The Descent of Man）这本书时，我们还只知道自己，对人族的其他成员一无所知。尽管那时第一个尼安德特人的头骨已经被发现了，但并没有人意识到它们的古老价值和重要意义，所以在那个时候，让古人类"重聚"是一件很难实现的事情。而今天，成千上万的古人类化石被发现，我们甚至知道了一些近亲的基因组序列。既然我们对人类祖先的饮食和他们是否烹饪的问题感兴趣，还有什么比邀请他们都来参加一场梦幻晚宴更好的方法呢？

亡灵节是墨西哥人的节日，在这一天，人们把墓地变成野餐的场地，庆祝亡灵归来，还用鲜花装饰坟墓，把糖骷髅和交叉股骨形状的糖霜面包当作礼物进行交换。我们组织的这次古人类的重聚将会是一次最盛大的亡灵节庆祝活动，几位最古老的人类祖先代表将会到场。我们已经发出了邀请，消息也已经传到了我们非洲故土的每一个角落，全世界的人都知道一场庆祝活动将会在墓地举行。

11月1日这天，我们终于迎来了为古人类的第一次重聚而举行盛大晚宴的日子。所有下颌长牙齿的古人类化石都会被送来。那些只能通过骨头碎片确认身份和无法出席的嘉宾，已经通过电子邮件发来了它们的基因组序列。现在，我们需要为这些失散已久的亲人们提供一份"菜单"。为了确保所有客人都能得到满足，我们必须要询问每一位出席的人类祖先：你是谁？你生活在什么时期？你从哪里来？当然还有，你吃什么？就算我们的宾客都活着，也没有几位能理解或回答出这些问题。现在，即使是最完好无损的头骨也只能用一个龇牙咧嘴的笑容来回答。但幸运的是，通过仔细检查到场的客人，我们能找到很多答案。但我不建议你对家里的客人也采取同样的方法，因为其中包含像颅容积和内部解剖结构等涉及隐私的项目，还有对牙齿的显微镜检查。

第一位到达的宾客是我们的曾曾曾曾……曾祖母露西（Lucy）。和我们所有古老的近亲一样，露西来自东非。它那具十分完整的骨架在埃塞俄比亚的哈达尔沙漠中被唐纳德·约翰森（Donald Johansen）发现，它属于南方古猿阿法种（*Australopithecus afarensis*），并被称为"露西"，这是因为在它被发现的时候，考古营地里一直在反复播放甲壳虫乐队的那首《露西在缀满钻石的天空》（*Lucy in the Sky with Diamonds*）。露西生前和黑猩猩的体型相当，头部像类人猿一样小，只比黑猩猩的头稍微大一点儿。不过，它被发现的消息传遍世界的原因是，它属于第一个像人类一样直立行走的古人类物种。

虽然露西直立行走，但从惊人的法医学推论中，我们发现它也会爬行。对露西一块上肢骨的分析表明，这块骨头是从高处坠下的时候摔碎的。而这次跌落很有可能就是它的死因，同时也暗示着尽管它能爬行，但并不像那些树栖的祖先那样熟练。毕竟它的脚是用来走路的。

尽管露西和它的同类大多是素食者，但它们食物中包含的植物种类比黑猩猩的要多，而且看起来有几种南方古猿通常比黑猩猩更适合在不同类型的环境下生存。南方古猿阿法种有比黑猩猩更大的白齿、更小的犬齿和更有力的下巴，这表明我们的这位祖先经常咀嚼坚硬的食物。科学界达成的共识是，我们所属的人属起源于一种南方古猿，而且很有可能就是露西这种生活在295万到380万年前的南方古猿阿法种。

亲爱的露西需要一个加高座椅来弥补它身材的矮小，尽管它的餐桌礼仪的确和黑猩猩一样，也不会使用银质餐具，但它可以尽情地享用蔬菜和水果沙拉！如果有可能的话，露西甚至会从邻座的宾客那里偷一些熟食，因为实验发现，当类人猿有机会选择的时候，相比生食，它们更喜欢吃熟食。在一项引人注目的研究中，心理学家彭尼·帕特森（Penny Patterson）领养了一只名叫科科（Koko）的大猩猩，并训练它与自己交流。她向灵长类动物学家理查德·兰厄姆（Richard Wrangham）讲述了当她问科科更喜欢哪种食物时发生的情况："在录制视频的时候，我问科科，它更喜欢煮熟的蔬菜（我用左手示意）还是没有煮过的新鲜蔬菜（我用右手示意）。它摸了摸我的左手（表示煮熟的蔬菜）作为回答。然后，我问它为什么喜欢煮熟的蔬菜，并且用一只手代表'味道更好'，另一只手代表'更方便吃'。科科选择了'味道更好'这个选项。"

在史前考古记录中，素食者几乎没有留下多少能表明它们吃什么的线索——或者更确切地说，它们留下的痕迹非常少。在叶片结构中，有一种非常微小的二氧化硅颗粒，叫作植硅体，它们会被卡在食用过叶子的动物的牙齿中。根据植硅体的独特形状，我们能知道露西吃的是哪种植物。另外，食肉的古人类不仅体贴地给我们留下了吃剩下的骨头，同时它们用来宰杀动物的石器也会在骨头上留下与众不同的切削痕迹，有时还会直接留下石制的宰杀工具。实际上，最古老的留有宰杀痕迹的骨头来自露西在埃塞俄比亚的活动区域。这些骨头有超过339万年的历史，可以看到肉已经被剥离下来了，并且为了获得骨髓，骨头都被砸开了。

看来，南方古猿阿法种非但不可能是完全的素食者，而且已经学会了加工肉类，而不只是啃啃骨头。

人们一直以为制造石器的技能是人类独有的，而且人属出现之前的古人类只能用手边的一些石头来敲击骨头并刮下动物尸体的肉。然而在2015年，人们发现了肯尼亚西图尔卡纳的一处史前考古遗址，那里发现的石器是在330万年前被制造出来的，比已知的第一个人属物种的出现至少要早50万年。在东非的其他地方，从250万年前起，生活在埃塞俄比亚的古人类才会取出大型动物的内脏和骨头，或许还会肢解和剥皮。总的来说，这些古老的宰杀遗迹说明，食肉习性的出现比20万年前才开始进化的智人（*Homo sapiens*）要早得多，甚至比约280万年前从南方古猿进化出的第一个人属物种还要早。所以，人类是从很久之前就开始食肉的杂食动物，我们人属最早的祖先就很喜欢宰杀动物——事实上，它们表现得就好像以此为生一样。不过，它们到底是谁呢？

在古人类家族聚会的现场，如果我们按照长幼来安排座次的话，那么餐桌旁留给第一个人属物种的空椅子应该被放在代表南方古猿阿法种的露西和被认可为"人类"的直立人（*Homo erectus*）的物种中间。如果第一个人属物种是南方古猿和直立人的中间产物，那么通过比较，我们可以说这个物种一定比南方古猿更高大、更聪明，但还有什么不同之处呢？我们又要在餐桌旁预留多少张椅子来弥补这个缺口呢？有希望填补这一空缺的物种在宴会厅里一直游荡的同时，古人类学家也在试图为它们确定正确的座次。这其中有一个物种是能人（*Homo habilis*），该物种的化石是在20世纪60年代首次被发现和命名的，当时在现场的一些石器旁边，人们发现了两块颅骨和手骨。或许这是第一次有记录的在厨房发生的死亡事故现场？

最早被发现的能人化石距今只有约180万年，但最近一些年代更为久远的能人化石已经被发现，从而将能人的起源提前到了约230万年前，这在时间上更接近大家认为的人属在约280万年前从南方古猿进化而来的观点。根据化石的形态，能人的颌骨与南方古猿阿法种的更加相似，而颅容量则更像直立人，所以将其安排在这两者之间，看起来是相当合适的。尽管单从能人的牙齿来判断，它咀嚼的力量和露西一样大，不过还是有一位来宾硬要挤进它们之间。

2013年，埃塞俄比亚人类学家沙拉丘·塞尤姆（Chalachew Seyoum）发现了一块新的颌骨化石，它看起来属于一种介于南方古猿阿法种和能人之间的物种。经过精确的年代测定，这块化石距今约280万年，且误差不会超过5 000年，尽管化石上的牙齿具有一些人类特征，但颌骨形状和南方古猿的很像。有人给这块化石起了一个很不起眼的名字LD 350–1，你可能觉得这个名字相比家庭成员来说，更适合做车牌号，但这个既不是南方古猿阿法种，也不是能人的物种，因此暂时还没有其他名字。LD 350–1是我们人属的新成员，而且很有可能是最早的成员，他被发现的地点距离发现露西的哈达尔只有30千米，距离发现最古老石器的遗址也只有40千米。

所以，我们在几日步行可达的范围内，查明了非洲古人类进化成人类，并开始宰杀动物和食肉的地点。这比确定历史上第一家麦当劳快餐店的地址还要令人兴奋，但到目前为止，所有参加人族重聚活动的宾客都在吃生的食物。可怜的LD 350–1无精打采地摆弄着自己的名牌，好几个小时反复咀嚼着一块血淋淋的牛排，露出凄凉的神情。而和它一起吃饭的能人已经用一把花了好几天时间做成的石刀把肉切碎了。

这时，直立人如约前来。当它走进宴会厅时，我们看到它只有1.3

米高，不过身体比例和现在人类相似。它带来了一把石制手斧，看起来有些不好惹。如果我们像对其他宾客那样，给它端上来一盘生肉，它会生气吗？还是会干脆把这些桌子椅子都拆掉，然后生火做饭？偷偷看一眼它的牙齿，我们或许能找到一点线索。最早的直立人有着与它们的祖先，也就是能人和南方古猿阿法种一样的大臼齿，但稍晚期的直立人化石表明，随着时间推移，它们进化出了更小的牙齿，而这样的牙齿适合咀嚼比过去少一半的软食。这表明直立人成为食品加工的高级实践者，甚至可以说是厨师。

在195万年前，生活在肯尼亚北部图尔卡纳盆地的古人类很可能就是直立人，它们不仅宰杀河马、犀牛和鳄鱼这类具有挑战性的动物，还以鱼和龟为食。不过，我们可以肯定的是，直立人和它们的肉食祖先们都不是只吃肉。任何可行的饮食方案都必须能提供能量和蛋白质，尽管瘦肉能提供大量的蛋白质，但提供的热量却很少，因为消化蛋白质并将其转化为葡萄糖的过程会消耗能量，而几乎不会释放能量。超过1/3的热量都是从瘦肉中获取的人很快会患上"兔子饥饿症"（rabbit starvation），这是出现在早期美国探险家身上的一种症状，那时他们只能依靠自己设法抓到的小动物活下来。在没有其他任何食物的情况下，只吃瘦肉所提供的热量是不够的，这会促使人摄入更多的肉，但仍无法完全消除饥饿感，之后就会导致肉类中毒。

过量摄入的肉类会产生毒性，因为在蛋白质被消化的过程中，多出来的那一部分氨基酸超出了肝脏的代谢负荷。在肝脏将多余的氨基酸转化为尿素后，虽然会经肾脏从血液中被过滤出去，但肾脏也会因过量的尿素而超负荷运转。如果饮食中有足够比例的脂肪，那么就可以避免这些问题，因为脂肪能弥补所缺少的热量，满足身体对葡萄糖的需求，并且可以在摄入过多的肉之前消除饥饿感。成年因纽特人仅靠吃动物就能生存下来，是因为他们吃的那些北极哺乳动物含有大量的脂肪，不过孩子们就需要额外吃一些植物性食品。而在人属进化的非洲稀树草原上，野生动物身上多半是瘦肉，几乎没什么脂肪。因此，从以素食为主的祖先进化而来的早期人类不能像真正的肉食动物（比如猫科动物）那样无限制地食用肉类。

早期人类很可能和它们的祖先一样，把植物中的碳水化合物当作主要的能量来源。直到今天，我们饮食中的大部分碳水化合物还是来自人工种植的植物，如小麦、玉米、大米、山药和土豆。在非洲仍然有一些靠狩猎采集为生的部落，在他们每日所需的能量中高达1/3都是从块茎、鳞茎、种子、坚果、果实和其他野生植物中获得的，这很有可能与我们祖先在很久之前的生活相类似，因为200万到300万年前的非洲也是可以找到这些食物的。

尽管早期古人类食用的植物并没有留下直接的化石证据，但是有间接证据表明，它们有可能从植物的地下贮藏器官中获得碳水化合物。例如，在非洲中部的乍得湖畔，与东非的南方古猿阿法种同一时期生活着南方古猿羚羊河种（*Australopithecus bahrelghazali*），在对其牙釉质进行分析后，人们找到了化学证据，证明这种古人类从热带禾本科植物或莎草科植物中获得了高达85%的热量。由于这些植物的叶片很坚硬，而且没什么营养价值，所以南方古猿羚羊河种最有可能吃的是富含淀粉的肉质茎和地下部分。事实上，现在的人类和狒狒还都在食用像油莎草（*Cyperus esculentus*）这样的莎草科植物的块茎。由于油莎草的块茎富含油脂和淀粉，味道可口，营养丰富，而且可以生熟两吃，所以在古埃及被广泛种植。尽管如今在西班牙，油莎草被当作一种作物来种植，但在其他地方，这种植物却因生命力过于旺盛和顽强而被认为是世界上最讨厌的杂草之一。在美国明尼苏达州进行的一项试验中，油莎草的单个块茎在短短12个月内，就繁育出1 900多个植株，收获了近7 000个块茎！

莎草属植物的块茎有一层坚韧的外皮，这可能会给缺少合适牙齿的古人类带来一点儿麻烦。在早期人类遗址中发现的大量石片工具，有没有可能是被用来除去块茎的外皮的呢？为了弄清楚这一点，人们找来200万年前的石英片工具，它们锋利的边缘上还有古人类使用后留下的划痕和标记，然后在肯尼亚南部的一个遗址挑选同样的石英材料制作石器。这些新制成的石英片工具被用来模拟对不同动物和植物性食品加工的过程，在它们的刃口处留下了各种用途造成的特有的损坏特征，与原始工具上的痕迹进行比较。

这项实验表明，用新工具为刚从地下挖出的覆盖着沙砾的植物地下贮藏器官去皮时，形成的损坏特征与原始工具上的一些痕迹相符，这说明原始工具也被用作相同的用途。如果把这个问题看作一个经典的推理谜题，那我们可以得出这样的结论：生活在200多万年前的人类有动机、手段和机会把地下贮藏器官作为自己饮食的主要组成部分，其动机是对于一种碳水化合物来源的需要，手段是石器制造技术（如果牙齿无法满足需要的话），而机会就在他们居住的地方，这里有充足的合适的植物。

当我们继续探究该如何招待赴宴的直立人时，会发现它们是分布最广的人属物种之一。直立人和我们智人一样，都是从非洲走出来的，但它们要比我们早170多万年。在非洲以外的地方发现的最早的人类化石属于直立人，地点在西亚高加索山脉的德马尼西。在德马尼西发现的化石与在非洲发现的早期直立人的化石很像，并且其中包含已发现的最完整的早期人类头骨。这些化石形成的时间大约在180万年前，这说明直立人在非洲完成进化后不久就进入了欧亚大陆，分布范围迅速扩张，从西部的地中海一直向东延伸到中国。

尽管我们能确定直立人是一种杂食动物，也就是说它们既吃植物，又吃动物，但它们的化石常常和大象的化石一起被发现，说明它们可能格外依赖大象。大象被猎杀的原因是它们可以作为食物，从大象巨大的尸体上获得的脂肪和肉都很有营养价值。大象骨头和象牙还能被用来制造工具，而且不管直立人在哪里出没，当地总有这类体形庞大的食草动物存在，可以作为可靠的猎物来源。约40万年前，当大象从地中海东部消失时，直立人也消失了。事实上，在过去的100万年里，不管在地图上的哪个地方出现人类物种，当地的大象物种基本上都会灭绝。

所以，如果我们从较晚期的人种中，邀请到一位臼齿较小、颅容量较大的直立人，那么为它提供一块大象肉排，搭配剥了皮的莎草块茎作为晚餐，似乎就没有问题了。不过，它会要求厨房把点的菜都煮熟吗？尽管我们有充分的理由认为这是有可能的，但证明直立人吃熟食的直接证据难找得出奇。火场遗迹、宰杀遗址、石器和人类化石只能提供烹饪的间接证据。你可能会在山洞里发现远古时期火留下的灰烬，但你怎么能确定这火是有人故意点的，而不是由野火引起的呢？在火场遗迹中可能会发现动物的骨头，但你怎么知道动物骨头上的肉是被煮熟后吃掉的呢？如果你不是一个怀疑一切的人，那么非洲那些发现了烧焦的动物骨头的火场遗迹（有些骨头上甚至还有宰杀痕迹）就表明了，人类第一次露天烤肉早在150万年前就发生了。

幸运的是，由于饮食习惯深刻地影响了人类的进化过程，所以我们在这个问题上不仅有史前的考古学证据，还有生物学证据。哈佛大学灵长类动物学家理查德·兰厄姆在他的著作《生火：烹饪如何造就人类》（*Catching Fire: How Cooking Made Us Human*）中将各种证据汇总成一个令人信服的论据，即烹饪在颅容量较大的直立人的进化过程中，发挥了重要的作用，而且他认为150万年前的直立人是第一个开始烹饪的人属物种。兰厄姆指出，与黑猩猩相比，包括直立人和我们自己在内的人属物种的嘴巴、牙齿和胃都比较小，颌骨较弱，结肠也较短，而且总的来说肠道比较短。所有这些头部和腹部的特征都是对能量高且易消化的熟食的一种适应。

当然，我们没有反映直立人肠道特征的直接证据，但从其胸腔的大小和形状来看，我们知道它们并没有足够大的肚子来容纳像吃生食的食草动物那样的大容积的肠道。尽管南方古猿露西的未加工的素食饮食是灵长类动物的标准配置，但人类却没有能力处理大量体积庞大、富含纤维且能量较低的食物。如果我们的饮食在进化过程中没有改变，那么为了能够消化生的植物性食品，我们这样体形的灵长类动物所需的结肠将会比我们现在的大40%以上。那些试图靠这种饮食方式生存且不加工食物的人，尽管体重会减轻，但无法持续下去。我们不可能像其他灵长类动物一样，只靠吃生的植物性食物就能存活，哪怕是很短的一段时间都不行。

截至目前，通过对出席人属物种聚会的各位宾客的调查，我们一方面可以看出，在烹饪动物出现之前，它们已经有会对食物进行预处理的祖先，而另一方面我们也知道了进化的方向，但还不太清楚烹饪给饮食带来的巨大变化到底是在什么时候，因为什么发生的。从解剖学上看，直立人极有可能是第一个开始烹饪的人种，但在这类祖先存在的漫长历史中，烹饪术到底是什么时候出现的呢？

有遗传学证据显示，一种被称为*MHY16*的基因能够强化非人灵长类动物的下巴上的肌肉，而这一基因在人类谱系中于200多万年前消失。也许最早期的直立人在那个时候就已经开始烹饪了，所以强壮的肌肉就变得多余，甚至还有可能伤害到越来越小的牙齿。随着越来越多的化石和史前的考古证据被发现，古人类开始烹饪的确切时间可能会变得越来越清晰。与什么时候开始烹饪的难解之谜相比，为什么这个问题已经有了相对明确的答案。烹饪让食物更容易消化，使我们能从中获取更多的能量，同时烹饪还让许多毒素失去活性，从而为古人类的进化开辟了充满更多可能性的新前景。

马铃薯或莎草科植物的块茎是一个应有尽有的地下储藏室，这些植物为了自己未来的生长和繁殖，会在块茎中储存很多能量。你可能已经料到，为了保护这些来之不易的珍贵能量，植物会采取一连串的防御措施来抵御外部的攻击。首先，块茎被埋在看不见的地方，所以必须得费力寻找，然后被挖出来。其次，许多莎草科植物的块茎都有一层坚韧的外皮，而木薯的块茎则含有毒素，也就是说，很多块茎在未经加工的情况下无法食用。再次，由于块茎中的淀粉非常致密，肠道中的消化酶也很难发挥作用。尤其对孩子来说，未充分煮熟的土豆能够整块穿过肠道。最后，淀粉分子被固定在微粒内部的晶块里，这些微粒非常小，以至于牙齿甚至是石头都无法将其磨碎。而烹饪能使块茎的大部分防御措施失效，烹饪能够破坏毒素和酶抑制剂，软化组织，撬开淀粉粒，使淀粉从干燥的晶态变为湿润的凝胶态，而后者更易于消化酶分解。未经加工的肉类和脂肪在营养、能量和味道方面远不如煮熟之后，恐怕只有狮子才能吃得下。

兰厄姆认为，烹饪造就了人类，因为它能够为我们提供驱动一个较大的大脑所需的能量。人类进化过程中最重要的一个趋势就是，在过去200万年间，大脑尺寸一直在稳步增长。现在的人脑比其他任何灵长类动物的大脑都要大三倍，但绝对尺寸并不能代表一切。奶牛的大脑也很大，但并不灵光。大而聪明的大脑让人类成功获得了独特的本领，比如复杂的语言、抽象的思维以及由此产生的一切。大脑是非常消耗能量的器官。人脑虽然只占体重的2%，但在静息状态下就要消耗足足20%的能量。这些能量大部分用在借助电信号传递信息的突触上，突触将神经细胞连接起来，这是实现大脑功能的基础。

肠道消耗能量的程度几乎可以和大脑相提并论，然而，尽管我们的颅容量比同体形的灵长类动物的平均颅容量要大很多，但我们的肠道容积却小得多。进化通过削减肠道容积而将多出来的能量用在更大的大脑上。兰厄姆推测，烹饪提升了食物的能量值，从而让容积更小的肠道可以为进化中迅速增长的大脑供能。如果你把肠道想象成一个燃料箱，那么烹饪就相当于增大了燃料的辛烷值，同时，人类也从运行速度更快的"引擎"中受益。最近有一项研究比较了类人猿和人类的代谢速率，结果意外地发现我们的代谢速率比黑猩猩高27%。所以说，我们不仅有高辛烷值的燃料，而且我们燃烧得也更快。在重量相同的情况下，人类的能量"预算"要比黑猩猩更高。我们把多出来的能量都用在什么事情上了呢？就是思考！

或许最能说明我们的确是烹饪动物的证据就是，大脑生长和烹饪似乎确有密不可分的关系。在人类进化的过程中，我们肠道容积的缩小和颅容量的增大差不多是同时进行的。从直立人身上就能看出这种趋势，如果兰厄姆是对的，那么现在我们的客人将会敲打着桌子，大声要求我们为它提供煮熟的晚餐。从来没有人听到这种古人类发出这么大的吵闹声。

现在，该给直立人吃什么的难题已经解决，这位饥饿的客人正大口大口地吃着煮熟的食物，渐渐平静下来，我们就可以把注意力转向下一位客人了。它身材高大，体格健壮，自信地大步走进房间，手持一支细长的木制长矛。长矛长度超过6英尺[①]，顶端还有一个做工精良的石质箭头。这就是海德堡人（*Homo heidelbergensis*），尽管它是直立人非洲分支的后代，但外表更像现代人，颅容量也比直立人大30%。海德堡人的前额更高，脸部更扁平，不过眉骨仍然很明显，而且没有下巴。它出现在70多万年前，也经历过100万年或更长时间的大脑进化。从它的学名中可以看出，第一件海德堡人的化石是在德国海德堡市附近发现的，但其他化石后来在希腊、埃塞俄比亚和赞比亚被陆续发现。印度和中国也发现了被普遍认可的海德堡人化石。

我们有理由相信，海德堡人是我们首位只要需要随时都能生火的祖先。出席宴会的那位客人带来的长矛是由云杉木制成的，和在德国舍宁根的地下发现的那几支长矛是一样的。舍宁根的古长矛可以追溯到30万年前，当时这个地区位于湖边，到处都是动物。尽管有大象，但很罕见，古人类主要还是以狩猎和宰杀马为食，在遗址现场到处能看到马被肢解后留下的遗骸。杀一匹马就能给一个二三十人的族群提供两周的食物，他们在吃饭时可能还搭配了一些当地野生植物的果实，比如榛子、橡子和树莓。对于这位对饮食很讲究的亲戚，难道你不觉得一块三分熟的马肉排配烤橡子，和加了成熟榛子碎和野花蜂蜜的树莓酱汁，听起来就很合适吗？

海德堡人愉快地坐在餐桌旁，那支吓人的长矛被安全地放在了一

[①]　1英尺 ≈ 0.304 8米。——编者注

边，接下来我们就可以把注意力转移到这位古人类的后代和我们最后的几位宾客身上。在这些后代中，有两个人种打破了在非洲进化的家族传统，它们是移居海外的海德堡人的后代。其中最知名的就是尼安德特人（*Homo neanderthalensis*），要不是在19世纪首次发现尼安德特人化石的时候没能确定出它们生活的年代，它们原本可以在大约200年前就被收入家庭影集的。

另一个人种是我们已经灭绝的表亲，我们直到2010年才知道它的存在，当时在西伯利亚的一个洞穴里发现了一截指骨。DNA分析得到了一段既与尼安德特人不一致，也与现代人类不一致的序列。这段非常独特的DNA序列被证实属于一个年轻女孩，所以人类学家就把这种古人类归为一个叫"丹尼索瓦人"（Denisovan）的独特物种，因为指骨是在丹尼索瓦被发现的。我们掌握的丹尼索瓦人的实体证据太少了，所以尽管这是一场为已经消失的古人类举行的活动，它们还是轻易地就成为聚会上最像幽灵一般的存在。基因组测序结果显示，丹尼索瓦人的基因仍然隐约地存在于我们人类一些现存的种群中。这表明5万多年前，我们在前往美拉尼西亚和澳大利亚定居的途中，一定碰到了丹尼索瓦人，而现在的美拉尼西亚人和澳大利亚人就是从这次相遇中继承了丹尼索瓦人一小部分的DNA。

我们会在餐桌旁给丹尼索瓦人留下一个空位，然后把用狐狸、野牛和鹿的牙齿制成的一些装饰品当作标记，这些装饰品是在丹尼索瓦洞穴中被发现的，可能属于死在那里的那个小女孩。也许不久之后，会有更多丹尼索瓦人的化石出现。这时，我听到古人类的大脚踩在楼梯上发出的沉重声响。给我们最后的这几位客人让路，尼安德特人来了！

一个男人和一个抱着婴儿的女人走了进来。这几个人看起来都很接近现代人，如果它们去理发店和服装店，你可能只会瞥一眼它们肌肉强壮的外表、异常大的鼻子和没有下巴的脸庞，然后就直接擦肩而过了。尼安德特人是北半球的原住民，和从非洲来的我们并不一样，它们已经适应了寒冷的气候和黑暗的冬季。在首批接受基因组测序的尼安德特人中，结果显示有一个人的头发是红色的。虽然我们都是海德堡人的后代，但尼安德特人是其从欧亚大陆的分支进化来的，而我们是从非洲分支进化而来的。通过对基因组进行比较，可以发现我们两个物种在50多万年前有着共同的祖先。直到4万年前，尼安德特人还一直留在欧洲，不过它们的灭绝并非了无痕迹。在非洲以外所有的人类种群中，仍有尼安德特人的基因，我们也非常了解尼安德特人吃什么。

关于尼安德特人的饮食，有三个主要的信息来源：它们牙齿上带有食物残渣的结石告诉我们它们吃什么，粪便化石告诉我们它们排出什么，还有吃剩下的骨头和残骸，比方说，留在盘子边的那些东西。尼安德特人居住的洞穴里到处都是动物的遗骸，所以很明显它们主要靠狩猎大型动物而食其肉为生。然而，除非肉里含有大量的脂肪，不然这样高蛋白的饮食是无法满足它们的能量需求的，特别是因为它们对能量的需求可能比我们更大，要知道它们比我们肌肉发达，颅容量也比我们稍微大一些。根据对5万年前尼安德特人的粪便所进行的化学分析，它们确实吃了很多肉，但也吃绿色蔬菜。其他证据也支持这一结论。

牙结石的形成就像一个生动的石化过程，这个不断对口腔内的物质进行抽样沉积的过程可能会贯穿整个生命周期。起初是牙齿上出现牙菌斑。随着时间推移，唾液中过饱和的磷酸钙沉积，使得牙菌斑矿化。尽管唾液中磷酸钙的生物学功能是修复牙釉质，但它的副作用是会让牙菌斑矿化，也就是将食物颗粒困在一种结晶基质中，使其保存上千年。

我们发现，从尼安德特人的牙齿中提取到的牙结石里含有枣、地下贮藏器官和草籽等许多种植物的植硅体，以及煮熟的淀粉粒，甚至还有烟雾颗粒。在没能找到一本石器时代食谱书的情况下，这已经是现有的最能清楚证明尼安德特人确实烹饪并食用植物的证据。植物的残骸很容易腐烂，但如果它们碰巧在火里被烧焦了，就可以保存下来，成为另一个证据来源。在以色列迦密山的一个洞穴中发现的被烧焦的植物残骸告诉我们，生活在那里的尼安德特人采集了杏仁、开心果、橡子、野生小扁豆以及野草的种子和豆科的很多植物。在那个时候，鸡汤和豆香煎饼都还没有被发明出来。

最新的证据表明，尼安德特人吃的东西与我们人类在同一时期吃的并没有太大不同。尽管大型动物对于尼安德特人来说很重要，但它们除了吃大型动物以外，还会烹饪并食用贝类，偶尔也会吃一些比较小的猎物，比如兔子、乌龟和鸟类。直布罗陀的戈勒姆岩洞（Gorham's Cave）是伊比利亚半岛南部的一个岩石岬，下方就是地中海的入口，这里是仅存的几个尼安德特人居住的遗址之一，甚至可能是它们最后的藏身之所。直至今日，在洞穴周围的悬崖上还有筑巢的原鸽，从6.7万年前起，尼安德特人就把它们当作日常食物进行烹饪，直到尼安德特人自己（而不是鸽子）消失为止。后来，我们人类占领了这个洞穴，并在接下来的几千年中继续以当地的鸽子为食。

现在，根据现有的对古人类饮食习惯的了解，我们已经为参加聚会的每一位客人提供了合适的餐食，每个头盖骨都带着满意的笑容，宴会厅里响起了奇怪的打嗝声。500万年前，我们的祖先可能基本上只吃素食，到了330万年前的时候，它们开始制作石器，并且食肉，而到了100万年前或者可能更早的时候，它们就开始烹饪食物。从这段历史中我们了解到，进化是渐进式的，像制造工具和烹饪食物这种我们现在通常觉得很新奇和独特的习性，实际上与人族血统有着很深的渊源。尽管我们人类存在的时间不长，但血统是很古老的。

现在，迅速崛起的人类已经准备好参加宴会了。孕育了智人的非洲大陆尽管距离直布罗陀海峡对面的戈勒姆岩洞（尼安德特人在这里享用了最后一顿鸽子晚餐）仅9英里①，但当我们离开非洲时，既没有穿过海峡，也没有在途中吃过鸽子。我们沿着一条更加迂回的路线从非洲向各处分散开来，吃的东西也各不相同。

①　1英里≈1.6千米。——编者注

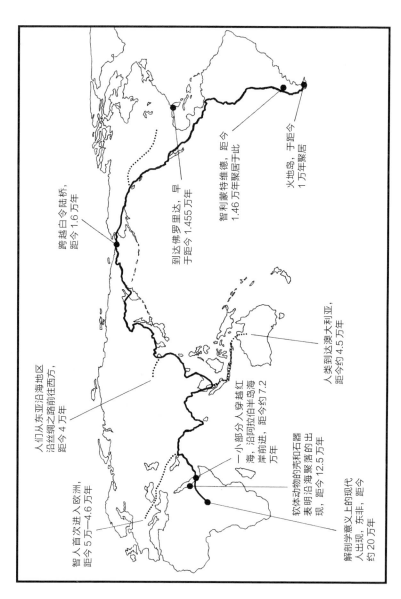

地图 2 沿海岸线走出非洲，距今约 7.2 万年起

跨越白令陆桥，
距今 1.6 万年

到达佛罗里达，早
于距今 1.455 万年

智利蒙特维德，距今
1.46 万年聚居于此

火地岛，于距今
1 万年聚居

人们从东亚沿海地区
沿丝绸之路前往西方，
距今 4 万年

人类到达澳大利亚，
距今约 4.5 万年

一小部分人穿越红
海，沿阿拉伯半岛海
岸前进，距今约 7.2
万年

智人首次进入欧洲，
距今 5 万—4.6 万年

软体动物的壳和石器
表明沿海聚落的出
现，距今 12.5 万年

解剖学意义上的现代
人出现，东非，距今
约 20 万年

头盘

贝类——海滨生活

在1440年出版的一本作者不详的中世纪《烹饪书》(*Boke of Kokery*)中，记录了烹饪贻贝的方法。食谱全是用中古英语书写，尽管我们对这些单词的拼写很不熟悉，但它们的发音和含义在过去6个世纪里早已深入人心了。作者写道："挑选肉质干净的贻贝，把它们放在一个陶瓷容器里（Take and pike faire musculis, And cast hem in a potte）。"加入"洋葱末、大量的胡椒和葡萄酒，再稍加点儿醋（myced oynons, And a good quantite of pepr and wyne, And a lite vynegre）"。"一旦贻贝裂开"（assone as thei bigynnet to gape），就表示已经熟了，这时要"把它们从火上取下来，尽管很烫，但你还是要在上菜前把它们整齐地摆在盘子里"（take hem from ye fire, and serve hit forthe with the same brot in a diss al hote）。这道菜的基本原料并没有改变——干净的贻贝、洋葱末、胡椒、葡萄酒和一点儿醋。

贻贝和母乳一样几乎是一种永不过时的食物。不管是生的还是熟的，人们食用贻贝的历史至少已经有16.5万年甚至更久。我们的近亲尼安德特人也吃贻贝，因此我们的共同祖先很有可能在50多万年前也是吃贻贝的。古人类食用贝类的历史可能已经长达100万年或者更长的时间。这只是一个保守的说法，因为许多猴子和猿类都被观察到在有条件的情况下会食用鱼类和贝类。

当人类沿着地球上的海岸线迁移时，在这些古老的路线上不时就会发现成堆的被丢弃的贝壳。从北极到非洲南部海岸，再到南美洲的最南端，在涨潮间隙总有收集软体动物的人，那些被他们丢在一旁的贝壳证明他们世世代代都是以此为食。海产品富含Omega-3脂肪酸（欧米茄-3），它对大脑的发育至关重要，因此这种食物在我们的进化过程中可能有极其重要的营养价值。必需营养素都是很关键的化合物，而且它们就像某些氨基酸一样，是我们的细胞无法自行合成的，因此必须要通过食物来获得。

最古老的贝丘来自16.5万年前中石器时代的非洲，在那里，一些最早期的人类居住在一个可以远眺印度洋的洞穴中。从那里留下来的废弃物中，我们得知它们是狩猎采集者，所食用的贝类至今仍能在这个地区被找到。其中包括几种贻贝、很多帽贝和一种带壳的大海螺，在南非荷兰语中被称为 "Alikreukel"（南非蝾螺），它的壳上有像包头巾一样的密集的螺纹，只需要6只，就可以做出一顿不错的晚餐。

这个不同寻常的洞穴位于南非西开普省的尖峰地区（Pinnacle Point），是由亚利桑那州立大学的人类学家柯蒂斯·马雷恩（Curtis Marean）发现的。他写道，自己无意中找到这个洞穴并不是单纯靠运气，他来到这里是因为他知道从大约19.5万年前开始，也就是我们人类在非洲诞生后的数万年间，冰期寒冷而干燥的气候使得非洲大部分地区变得不适宜人类生存。

这次冰期引发的种群崩溃，导致人类数量从约一万个有繁殖能力的个体减少到可能只有几百人，在遗传方面的影响也仍然被深深印刻在现代人的基因组中。马雷恩推断，这些幸存者就是我们的祖先，他们可能在南非西开普省找到了避难所，因为周边海洋的影响使那里的气候变得温和。这里能为人类提供两种食物来源，而且这两种食物不会像其他地方那些狩猎采集者赖以为生的猎物那样，受寒冷干燥气候的影响而减少，它们就是海产品和当地盛产的一种奇特植物的鳞茎。这些中石器时代的鳞茎，就相当于今天烹饪贻贝时所用到的洋葱。

现在的海平面比16.5万年前的要高很多，因为那个时候大量的水都以冰的形式被固定在陆地上，因此所有靠近海岸的有人居住过的洞穴都已经被海浪淹没或冲毁，没有留下任何有考古价值的沉积层。而人类在尖峰地区的洞穴中居住过的证据却被保存下来，这是因为洞穴地处内陆，而且在高高的悬崖上。从那里的考古遗迹中，我们发现这个洞穴只是断断续续地有人居住，也许只有当海平面变化，海岸线移动到足够近的地方，让人类能够方便地获得贝类的时候，才会有人住在这里。

马雷恩提出，大多数证明人类曾经在该地区居住过的考古学证据都被埋在近海的沉积物中。人们已经在更靠北的厄立特里亚沿海，也就是红海的浅水区，发现了这样的证据，只不过年代要短一些。在对当地的一座珊瑚礁进行挖掘之后，考古学家发现了数百件嵌在珊瑚中的石器，珊瑚随着海平面的上升慢慢把这些石器包裹起来。这些发现可以追溯到12.5万年前，周围还有31种可食用软体动物的遗骸，其中包括牡蛎和大量的贻贝，还有两种可食用的蟹类，以及很可能是用来取出美味蟹肉的石器。

红海沿岸是人类离开非洲前最后停留的地方。我们不知道有多少次没能成功的冒险是从这里开始的，可能有很多。但我们知道在这些冒险者之中，至少有一个人的后代一路来到中国，因为在那里考古学家发现了10万年前解剖学意义上的现代人的牙齿。然而，这些开拓者似乎已经逐渐消失了，因为生活在非洲以外地区的现代人的基因显示，所有人都是更晚的一批迁移者留下的后代。

在尖峰地区的首批居住者开始食用贝类之后，我们人类（智人）的活动范围在接下来的5万到6万年间一直局限于非洲大陆，但在差不多同一时期，看起来比我们更能适应寒冷气候的尼安德特人已经遍布整个欧洲，并且主要生活在西班牙南部海岸附近。从尼安德特人洞穴中找到的许多贻贝壳外表面都被烧焦了，这说明它们在火中被烤过。

尼安德特人烹饪海鲜的技术是不是比我们人类更加高超呢？如果我们两个物种之间举行过石器时代烹饪赛的话，应该是在大约10万年前，当时来自北非的智人沿着地中海南岸向东迁移，并且来到现在的以色列。很久之后才成为农业发源地的亚洲西南部地区在那时已经是尼安德特人的家园，不管我们是在争夺食物的过程中被它们打败，还是单纯地被它们的烹饪术所压制，智人都没能存活下来。

大约3万年后（也就是距今7.2万年），我们第一次成功地离开非洲。尽管这还是一次沿海迁徙，把海产品作为食物，不过这次人们选取了穿过红海向北的路线，然后沿着阿拉伯半岛的海岸进入印度。为什么能从红海中获得充足食物的人们要经历长途跋涉离开非洲呢？实际上我们尚不清楚这个问题的答案，不过有可能是不断增长的人口对沿海的食物资源造成压力。我们所知道的就是，这次迁移是我们人类占领全球的过程中不可替代的起点。

用"不可替代"来形容这个事件有两方面的含义——既不同寻常，又独一无二。在大约7.2万年前一个晴朗的日子，一小群人从非洲之角出发，横渡红海进入阿拉伯半岛。如今非洲以外地区的全部人口，即全球大约60亿人都是这些人的后代。我们之所以知道这一点，是因为它就被记录在我们的基因中。非洲人口在基因上有丰富的多样性，不同民族之间的差异也很大。相比之下，世界上其他地区的人口在基因上却很统一，所有人的基因加起来，在非洲多样的人类基因中的占比也很有限，因为这些基因都来自完成迁移壮举的那些人，大概只有几百人。在迁移过程中，我们离非洲越远，我们原本的遗传多样性就越少。这说明每一次迁移都是由一小部分个体完成的，他们脱离大部队、迁移、扎营，然后建立自己的聚落，当定居下来的人越来越多，又会有人选择另立门户。

人类在大约7.2万年前成功离开非洲之后，主要还是继续沿着海岸线前进，以海产品为食，因为我们在非洲沿海生活的时候已经习惯了这种生活。我们沿着印度海岸，在大约4.5万年前到达澳大利亚，熟悉的贝丘也是从那个时候开始在当地出现的。

遗传学证据告诉我们，在沿海岸线迁徙的途中，不时有成群的人离开，进入内陆地区。其中一群人的后代在4.5万到5万年前首次进入欧洲。4万年前，亚洲腹地被晚一些离群的人类占据，他们从东亚沿海出发，向内陆前进，成为第一批回到西半球的迁移者，这条路线也是后来连接中国与欧洲的著名的丝绸之路。

大约在1.6万年前，环太平洋地区的迁移者沿着海岸线一路向北，已经到达了西伯利亚。尽管大部分陆地仍被冰雪覆盖，但沿海地区的冰已经消失，从而形成了一条通往北美洲西北部的通路。从阿拉斯加到智利，所有的美洲原住民都是第一批亚洲移民的后代。从北方的这个落脚点开始，人们分散开来，而且大家选择进入北美洲的路线似乎都各不相同。我们知道佛罗里达在14 550年前就有人居住了，因为在那里发现了当时被宰杀的乳齿象的骨头。而其他人则沿着太平洋海岸，在14 600多年前到达了南美洲的智利。时至今日，拥有4 000英里海岸线的智利可以说仍是贝类美食之都，这里的鲍鱼大到可以像大块的牛肉一样被切开。

最终，大概在一万年前的时候，太平洋沿岸的迁移者到达南美大陆最南端的火地岛。尽管所有与首批火地岛人有关的实体证据都在海水冲刷和距今7 750年[1]的一次火山喷发中被摧毁，但我们还是得到了来自近200年前生动的第一手资料，从而了解人类在这次大迁移的终点究竟过着什么样的生活。查尔斯·达尔文在随比格尔号军舰考察期间曾去过火地岛，在1832年圣诞节那天，他在日记中写道：

> 这里的居民主要以贝类为食，而且不得不经常搬家。不过，他们每隔一段时间就会回到原来住过的地方，这一点从成堆的旧贝壳中就可以看出来，这些贝丘通常都有好几吨重，离得很远就能一眼看到，因为上面总是长着某些亮绿色的植物。

达尔文非常同情火地岛人，因为他们通常穿着残破的海豹皮或者完全赤裸，遭受着风吹雨打，还要在温度接近冰点的时候睡在潮湿的地面上。"不管冬天还是夏天，晚上还是白天，只要大海退潮，他们就得起来到岩石中收集贝类。"

---

① 在放射性定年法中，原点年为1950年，距今7 750年（7 750BP）意指比公元1950年早7 750年的时间。——编者注

火地岛的比格尔海峡正是以达尔文坐过的那艘军舰命名的，最近有人发现这里到处都是贝丘，哪怕是那种只有靠独木舟才能到达的最不起眼的地方也是一样。大多数贝壳都来自不同种类的贻贝，最大的贝丘堆积达3米，直径达50米，说明人类对贻贝群落进行了密集而长期的开发。经过考古发掘，我们发现，人们依靠食用贝类，在这个地区生活了6 000多年。

对于我们这种有权选择吃什么、吃多少、什么时候吃的人而言，在海边采集贝类是一项海滨娱乐活动，而火地岛人在遇到暴风雨，无法采集贝类或划着独木舟去猎捕海豹时，往往只能挨饿。在人类历史上，这是生活在海边的采集者常常会面临的困境。贝类曾经是用来缓解饥荒的食物，直到最近才成为一种昂贵的美食。它们支撑我们度过了在非洲的艰难时期，陪伴了我们6万年，在农业产生之前，是贝类为人类在全球的沿海迁徙提供了动力。随着农业发展，出现了植物和动物驯化的新技术以及一场饮食革命，其重要性完全比得上人类从素食向杂食的转变或者烹饪术的发明。

主食

面包——植物驯化

面包在第一次被制作出来的时候，就成为饮食历史上一种新事物的代表，这种新事物就是加工食品。显然，大片的野草并不像贻贝、鳞茎、水果或者野生动物那样，随便拿来就可以吃。谷类植物的种子必须要经过收割、脱粒和扬谷，使谷粒与谷壳分离，然后再把谷粒磨成面粉，与水混合制成面团，进行发酵，最后还得烤熟之后才能食用。不过，作为对所有这些努力的回报，面包在风味和营养上都非常出色，可以说成了食物的代名词。

在古罗马时代，小麦和大麦在数千年的时间里一直是欧洲和亚洲西南地区的主食。大家都知道古罗马和古希腊的城市，以及埃及的金字塔都是用石头建造的，但同样可以肯定的是，它们也是依靠面包"建造"起来的。在考古学的帮助下，我们不仅知道了当时的面包是什么样子，甚至还了解了它的制作过程。

在干燥的环境中，食物和其他有机物质会被保存得相当好，因为导致腐烂和衰败的微生物在没有水分的条件下是无法生存的。在埃及，人们在古墓里发现了3 000到4 000年前的几百个面包，它们是供王室成员在死后享用的，在沙漠地带的干燥气候中被保存得很好。这些面包主要是用二粒小麦的驯化品种制成，偶尔还会加入一些水果。尽管二粒小麦已经不再作为一种农作物进行种植了，但它却是如今人们主要种植的两种小麦的祖先，其中一种是特别适合做意大利面食的硬粒小麦，还有一种是由驯化后的二粒小麦与一种野生山羊草杂交得到的面包小麦。

在考古发掘中，人们发现了建造金字塔的工人们居住过的村庄，还发现这些劳动者和王室成员一样，也以小麦面包为食。在这个拥挤的村庄里，每家每户都有各自用来磨面粉和烤面包的器具。古埃及采用以物易物的经济模式，而价值通常是以谷物的数量及其能够生产出的面包和啤酒的数量来计算。劳动者的酬劳通常是只够勉强维持生计的粮食，而高官显贵们得到的粮食却多到吃不完。

无论是生前还是死后，国王都是不会自己动手烤面包的，所以负责给孟图霍特普二世（Nebhepetre Mentuhotep II，卒于公元前2004年）布置墓室的祭司们，为了让国王在死后能得到不间断的面包供应，就仿照大规模的面包房建造了一个微缩模型。这个模型现在被保存在伦敦的大英博物馆里，其中包含13个小型人像，他们正跪在马鞍形的手推石磨前，双手抓着一块石头，将小麦碾碎。粗糙的花岗岩磨石将岩石颗粒留在了面粉中，制成的面包里含有沙砾，我们从埃及木乃伊严重磨损的牙齿中就可以看出这种面包的威力。如果要长期以古埃及的面包为食，就需要有源源不断的假牙。

在面包房的这十几位碾磨工前面，有一排小人在揉着生面团，他们身后有三个圆柱形的烤炉，每个炉子都由一位面包师负责看管。借助在另一个中王国时期的墓葬中发现的檐壁浮雕，我们可以想象一下在这样一个面包房里可能发生的对话。这块檐壁浮雕是在塞尼特的墓中被发现的，她是孟图霍特普三世时期一位最高法院官员的女性亲属。当时只有极少数的女性有墓葬，而位于卢克索的塞尼特墓不仅罕见，其内部还以尼罗河沿岸的生活场景精心装饰，包括捕鱼、带狗打猎、宰杀动物、处理肉类，以及生产面包和啤酒的过程。面包师说的话都用象形文字表示，经过破译之后，读起来就像漫画书中的对话一样。一个用手推石磨碾磨谷粒的女人虔诚地说道："愿这个国家的众神把健康赐予我强大的主人！"她的一位同伴说的话在岁月侵蚀下只剩下了最后的部分："……这是为了做食物。"也许她想说的是自己这次磨的面粉并不是用来酿造啤酒的，在那个时代，啤酒都是用小麦和大麦制成的。在面包房里工作的男人抱怨道："我这么努力地工作……你们谁也不给我一点儿休息时间"，还有"这柴火还是湿的……"，边说边举起一只手挡着脸，以免受到烟雾和热气的伤害。

从古埃及的这些场景中完全看不出时间流逝的痕迹，就好像面包和农业一直在维持着我们的生活一样，但事实并非如此。农业起源于1万至1.2万年前的亚洲西南部。这一地区与农业有关的最古老的证据是在土耳其东南部的安纳托利亚发现的，不久之后，农业就出现在整个亚洲西南地区，所以这里也被称为新月沃土。这片区域的其中一部分从安纳托利亚开始，沿弧线向南延伸，经过今天的黎巴嫩、以色列和约旦，一直到达埃及的尼罗河河谷，另一部分从安纳托利亚向东经叙利亚北部进入伊拉克，再向南穿过底格里斯河和幼发拉底河灌溉的古美索不达米亚地区。根据约4 000年前的泥板文献记录，在当时的美索不达米亚大约有200种面包，它们所使用的面粉种类、加入的其他配料、制作面团和烤制面包的方式，以及成品最后呈现出的样子都各不相同。

二粒小麦应该是第一种被驯化的作物，不过很快就有其他物种也进

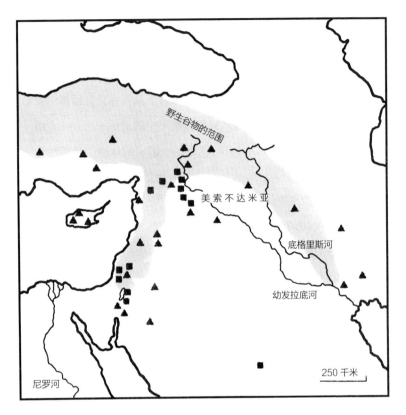

■ 带有驯化前耕种证据的考古遗址

▲ 发现驯化作物的新石器时代遗址

地图 3　西南亚新月沃土

入这一行列，构成了8~9种基础作物。除了二粒小麦外，新月沃土上的第一批农耕者还驯化了单粒小麦、大麦、小扁豆、豌豆、鹰嘴豆、野豌豆、亚麻，可能还有蚕豆。直到今天，你还是可以在新月沃土找到所有基础作物的野生祖先，不过有一种作物例外，那就是蚕豆。尽管人们做了大量的植物调查工作，但还是没有发现蚕豆的野生祖先。野生蚕豆可能已经灭绝了。

在一个地区发现这么多适合耕种的野生物种似乎有些巧得出奇，但这背后有很充分的进化方面的原因，那就是气候。在新月沃土地区，降雨的季节性很强，而且难以预测。干旱的气候和不确定的降雨很有利于野生植物的三种特性的进化，从而使它们尤其适合作为驯化作物的原材料。第一种特性是生命周期短。生命周期短的一年生植物生长和成熟得都很快，在干燥炎热的夏季，植物在死亡之前能够结下大量的种子。

一年生植物不仅种植和收获方便，而且收成很好，多产就是它们的第二种关键特性。由于一年生植物只有一次繁殖机会，所以和繁殖过程可以持续好几年的多年生植物相比，它们会把更多可用的能量用于结种子。因此，我们所有的粮食作物都是一年生的，包括在其他地方被驯化的作物，比如美洲的玉米和向日葵、非洲的高粱和珍珠粟，还有亚洲的水稻。一年生植物能让我们的付出获得最大的回报，而且通过人工选择，这种潜力可以最大限度地被发挥出来。

新月沃土地区的野生一年生植物之所以能成为如此适合驯化的原材料，还有一个原因就是它们的种子比较大。干燥的气候有利于大种子的进化，因为在种子发芽时，幼苗为了生存必须要生根，根会为生长中的植物提供水。在干燥的环境下，根需要进入土壤深处去寻找水，而幼苗只有在拥有大量养料储备的情况下才能长出比较长的根，这就意味着种子必须要大。

如今不管在澳大利亚、北美洲地区、北欧地区，还是非洲南部地区、印度或者乌克兰，你都能看到收割之前光彩夺目的金色麦田，这所有的一切都和新月沃土地区最初的野生谷田几乎完全一样。在土耳其、以色列和约旦的岩石地面上，我们仍然能找到长有二粒小麦、大麦和燕麦的野生谷田。在美国有一位研究作物进化的权威人士，叫杰克·哈兰（Jack Harlan，1917—1998），他在20世纪60年代来到土耳其东南部的安纳托利亚，并在那里发现了天然生长在喀拉卡达山斜坡上的大片野生单粒小麦。作为试验，他用一把带有火石刀片的古代镰刀的仿制品，想看看在一个小时内自己能收集到多少野生谷物。尽管由于谷穗破裂，损失了一些谷粒，但哈兰还是在一个小时里收集了近2.5千克的小麦。在脱粒后，重量少了一半，按重量计算，野生小麦的蛋白质含量为23%，比一些现代已驯化的品种还要高50%。

哈兰的计算结果表明，如果一个家庭按照谷物成熟的顺序，先收割山坡底部较早成熟的小麦，然后再从下向上收割更高处稍晚成熟的小麦，那么这家人只需要三周的时间就能收集到足够他们吃整整一年的谷物。哈兰想知道，在收成这么好的情况下，为什么还会有人要在野生谷田像耕地一样密集的地方种植谷物呢？如果野生谷物可以无限量地收割下去，为什么人们还愿意去犁地和播种呢？答案就是，在很长一段时间里，从野外采集到的谷物有可能确实是足够的。这就解释了为什么考古学记录显示谷物驯化花费了数千年的时间。然而最终，随着人口数量的增加，驯化和耕作就成为一种必然的趋势。

考古遗址中有大量证据证明，人们是如何开始采集野生植物的种子作为食物，又是如何开始通过人工选择来培育和改良这些种子的。2.3万年前，生活在以色列加利利海（又名基尼烈湖）沿岸的人们采集到了野生的二粒小麦和野生大麦。像小麦、大麦和燕麦这样的野生谷物都是有谷穗的，到了成熟期，谷穗就会破裂，把种子传播出去。自然选择使所有物种的下一代都掌握了散布种子的方法，这有助于它们的生存和繁殖。然而，当对植物进行培育和驯化的时候，散布种子的这种模式会随之改变。在这种情况下，繁殖最快的是那些结的种子能被收集起来，然后再次进行播种的植株。因此，经过反复多次的收割和播种，就能选择出那些在收获过程中麦穗不会破裂的植株。

在驯化的早期阶段，从野外收集到的谷物与考古学记录中经过培育的谷物是无法区分的。随着驯化程度的加深，阻止谷穗破裂的基因通过人工选择，出现的频率变得越来越高。不破裂的谷穗会牢牢固定住自己的种子，在脱粒过程中，必须要靠机械力才能将这些谷穗打开。当不破裂的谷穗在农场里进行脱粒时，不会像野生品种那样干净利落地自然裂开，而是会在破裂后留下锯齿状的边缘。因此，较多的锯齿状裂口（用单透镜就可以看到）是谷物驯化的标志性特征。第一种出现在考古学记录中的粮食作物二粒小麦就具有这种驯化特征。

在新月沃土地区，我们发现的年代最久远的驯化作物位于土耳其东南部安纳托利亚的恰约尼。在大约一万年前，那里的人就开始种植二粒小麦，但当时驯化品种的麦粒相对较小，与野生品种极其相似。恰约尼的居民还种植了豌豆、兵豆和亚麻。尽管在写这本书的时候，从驯化的标志性特征来判断，恰约尼是有直接证据证明的最早开始种植谷物的地方，但还有其他的考古学证据表明，当时农耕在这个地区已经相当普遍了。作物驯化可能在进行了几百年甚至几千年之后，其特征才开始变得明显起来，在此期间，各种基础作物一直在驯化的作用下进化，同时与各自的野生祖先杂交，并在新月沃土地区数百千米范围内的农民之间被交换。

不破裂的谷穗是确定某种粮食作物是否被驯化的第一个考古学标志，但驯化也会筛选出作物不同于野生祖先的其他特征，特别是更大尺寸的谷粒和没有休眠期的种子。当耕种技术开始传播，那些被带到其他地区的驯化作物就必须要适应新的气候。查尔斯·达尔文在他有关动植物驯化的书中写道：

> 当第一批欧洲殖民者到达加拿大时，（他们）发现这里的冬天对于来自法国的冬麦来说太严酷了，而这里夏天对于夏麦来说往往也太过短暂了。后来，他们从欧洲北部引进了一种夏麦，收成非常好，而在此之前，他们还以为自己的国家不适合种植谷类作物。

如今，适应加拿大气候的各种小麦都种植得非常成功，以至于在2013年大丰收之后，都找不到足够的火车车厢来运输3 700万吨的粮食。这就是适应带来的好处。

尽管现在有成千上万个小麦品种，而且其中大部分是面包小麦，但这所有的多样性都是以两个重大的进化事件为基础的。第一个事件发生在50万到80万年前，当时一种山羊草和野生小麦杂交产生了野生的二粒小麦。第二个事件发生的时间离现在要近得多，那就是二粒小麦和另一种类似杂草的山羊草杂交，产生了所有面包小麦的祖先。截至写这本书的时候，这一事件发生的年代仍然无法确定。根据一项研究，它可能就发生在8 000年前新月沃土地区的某片耕地中，也就是在二粒小麦被驯化之后，但另一项研究认为，这一事件至少发生在23万年前，也就是说比现代人的起源还要早。在面包小麦品种的进化史上，不管这两次杂交是什么时候发生的，结果都是增加了一整套染色体，所以现在的面包小麦品种有三套完整的染色体。

面包小麦庞大的基因组比我们人类的要大5倍，这给它的进化提供了极大的遗传潜力，因为不管是自然选择还是人工选择，都需要以基因变异作为原材料，来形成新的品种。而基因变异最主要的来源是DNA复制时的突变或者随机错误。正如你预料的那样，随机突变在大多数情况下是有害的。在只有一套染色体的生物体内，突变所造成的伤害会减缓进化的速度，但在有三套染色体的时候，就有足够的试验空间。打个比方说，面包小麦这一品种同时有一条腰带、一条背带和一条松紧带在拽着它的遗传"裤子"。这种"三重保障"的基因组使得面包小麦这一品种在进化过程中展现出巨大的多样性，能产生适应不同环境的品种。

基因变异是进化的原材料，而不同的地方种群中所包含的遗传变异就是育种者用来改良作物的原材料。适应当地环境的作物品种就像某种语言的本地化版本一样，包含很多可以在发源地之外的地方找到用武之地的新词（也就是新基因）。英语中有很多这样的词汇，尤其是在饮食方面。例如，"whisky"（威士忌）一词来自盖尔语，"chocolate"（巧克力）来自纳瓦特尔语，"chutney"（酸辣酱）则来自北印度语，"bagel"（百吉饼）来自意第绪语，而"hominy"（玉米糊）和"persimmon"（柿子）来自波瓦坦语。而被称为地方品种的本地作物就像方言一样独特，在接受人工选择以迎合当地种植者口味的同时，它们还经历了几千年的自然选择，既适应了当地的气候，又具有了对抗地方病的能力。这种适应不管是对农作物还是对我们而言，都是生死攸关的大事。

尽管谷物驯化极大地增加了人类可获得的食物数量，但也让我们的生存问题与作物的健康状况紧密联系在一起。非常依赖面包的古埃及人曾经就遭受过饥荒。在《旧约全书·创世记》（*Old Testament Book of Genesis*）中就有这样一个故事，讲的是法老做了一个奇怪的梦：

> 他再次入睡后，又做了一个梦。梦到一根茎秆上长出了7个谷穗，繁茂而茁壮。
>
> 之后又长出了7个细弱的穗子，东风一吹，它们就蔫了。
>
> 那7个细弱的穗子吞食了7个饱满的穗子。法老醒来，发现原来是一场梦。

根据《圣经》中的讲述，法老问他的占卜者们，这个梦是什么意思，但（最不可思议的是）这些人都被难倒了，于是法老派人找来做奴仆的希伯来人约瑟夫（Joseph），后者以成功解梦而闻名。约瑟夫说：

> 整个埃及将迎来7个丰收年，之后将要经历7年的饥荒，届时在埃及的土地上，将没有人记得丰年是什么样子，因为饥荒将毁灭这个地方。

睿智的约瑟夫随后建议法老把丰年收获的粮食储存起来，以防作物歉收引起的饥荒。这真是极好的忠告。

当然，谷物和其他种子这么容易储存，正是因为自然选择是为了满足植物生命周期的需要而设计的。种子中储存着植物早期生长所需的养料，而我们却将这些养料据为己有，成为靠农作物为生的"寄生虫"，但不幸的是，还有其他和我们一样的"寄生虫"。我们的竞争对手有病毒、细菌、真菌、啮齿动物和昆虫，比如《出埃及记》（Exodus）中讲到的十大灾难里的蝗虫。

锈菌引起的疾病对谷类作物来说是最大的威胁之一，因为这些真菌不仅生命周期短，进化快，并且孢子很小，可以轻松地借助风进行传播。1998年，在乌干达出现了一种被称为Ug99的秆锈菌，并很快蔓延到非洲所有的小麦种植区，对全世界1/3的小麦作物造成威胁。尽管有90%的面包小麦品种容易感染Ug99，但幸运的是，人类已经可以利用较为罕见的抗性品种的基因，培育出能够抵抗Ug99的高产品种。

对于我们所有的农作物来说，粮食安全取决于能否持续应对不断演化的疾病所带来的挑战。在这场战斗中，各种含有抗病基因的作物品种和地方品种就是我们的武器。苏联科学家尼古拉·伊凡诺维奇·瓦维洛夫（Nikolai Ivanovich Vavilov，1887—1943）可以说是为提高全球粮食储备做出最大贡献的植物育种家之一。作为科学家，他的经历非常悲惨，尽管他的贡献养活了上千万人，但自己却饿死了，如今他已经成为公认的贡献杰出的科学家。

从农学院毕业后，瓦维洛夫开始研究作物病害，以缓解肆虐俄国的周期性饥荒。他意识到，不同作物品种之间在抗病性方面的差异可以用当时刚刚创立起来的遗传学来解释，于是在1913年，瓦维洛夫利用来到英国剑桥的机会，与遗传学的创始人之一威廉·贝特森（William Bateson）一起进行了研究。

在剑桥的时候，瓦维洛夫阅读了很多查尔斯·达尔文的私人藏书（当时都被保存在大学里），为自己未来的研究找到了灵感。达尔文显然对作物的遗传变异和地理变异在新物种进化中的作用很感兴趣，这给瓦维洛夫留下了特别深刻的印象。第一次世界大战爆发时，瓦维洛夫返回俄国，开始了长达30年孜孜不倦的采集、研究和游历。

瓦维洛夫为了完成采集工作，远赴欧洲、北非、北美洲、南美洲、加勒比海地区、西亚地区，以及阿富汗、中国、日本，收集所到之处的作物种子。只要有机会，他就会把数百千克的种子，连同有关抗病性和采样地点的海拔与位置的记录一起运回位于当时的列宁格勒（今圣彼得堡）的研究所。到了20世纪30年代初，瓦维洛夫已经收集了多达20万个样本，其中有3万个小麦品种就被种植在他的研究所附近。

瓦维洛夫之所以不远万里地进行采集，是因为他坚信任何作物在其最初被驯化的地区所表现出来的遗传多样性都是最高的。尽管这个理论没有经受住时间的考验，但他确实在山地发现了一些遗传多样性最高的区域。这使得他开始探索一些最难到达和最危险的地方。

20世纪30年代后期，瓦维洛夫开始撰写一本名为《五大洲》(*Five Continents*)的书，讲述自己在收集植物时的冒险故事，但在这本书尚未出版时，很多与瓦维洛夫一起工作的科学家，最终还有他本人都付出了生命的代价。20多年间，人们一直以为《五大洲》手稿已经丢失，但在20世纪60年代早期，瓦维洛夫得以平反之后，他的秘书A. S. 米希纳(A. S. Mishina)透露自己将这本书的大部分手稿都藏了起来。

瓦维洛夫曾经迫切想要去探访的地区包括阿比西尼亚（就是现在的埃塞俄比亚）和邻国厄立特里亚的山区。在《五大洲》这本书中，瓦维洛夫描述了自己为获得在阿比西尼亚游历的许可而与拉斯特法里(Ras Tafari)会面的经过，后者就是后来的海尔·塞拉西(Haile Selassie)皇帝。埃塞俄比亚高原的多样性果然没有让瓦维洛夫失望，他在书中写道："这里表现出的品种混合程度简直令人难以置信。只是为了获得代表单块田地中植物构成的样本，就需要收集上百个谷穗。"瓦维洛夫还非常兴奋地写道，他在青尼罗河上游的阿克苏姆附近的一块田地里，发现了一种硬粒小麦，事实上植物育种者一直在努力培育这种小麦，但几十年都没有成功，结果在这里，大自然自己创造出了这样一种植物。

在去厄立特里亚的路上，瓦维洛夫的同伴们因为害怕强盗而变得焦

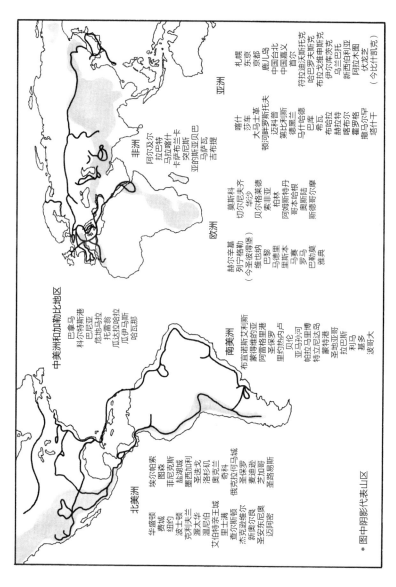

地图 4　尼古拉·瓦维洛夫的种子采集之旅

* 图中阴影代表山区

亚洲
札幌
东京
京都
鹿儿岛
中国台北
中国嘉义
首尔
符拉迪沃斯托克
哈巴罗夫斯克
布拉戈维申斯克
伊尔库次克
新西伯利亚
马兰巴托
阿拉木图
伏龙芝
（今比什凯克）

喀什
莎车
大马士革
顿河畔罗斯托夫
迈科普
第比利斯
德黑兰
马什哈德
巴库
希瓦
布哈拉
赫拉特
喀布尔
霍罗格
撒马尔罕
塔什干

莫斯科
切尔尼夫齐
华沙
贝尔莱德
索非亚
柏林
阿姆斯特丹
哥本哈根
奥斯陆
斯德哥尔摩

欧洲
赫尔辛基
列宁格勒
（今圣彼得堡）
维也纳
巴黎
里斯本
马赛
罗马
巴勒莫
雅典

非洲
阿尔及尔
拉巴特
马拉喀什
卡萨布兰卡
突尼斯
亚的斯亚贝巴
马萨瓦
吉布提

中美洲和加勒比地区
巴拿马
科尔特斯港
巴巴多
危地马拉
托雷翁
瓜达拉哈拉
瓜伊马斯
哈瓦那

南美洲
布宜诺斯艾利斯
蒙得维的亚
阿雷格里港
圣保罗
里约热内卢
贝伦
亚马孙河
帕拉马里博
特立尼达岛
蒙特港
圣地亚哥
拉巴斯
利马
基多
波哥大

北美洲
华盛顿
费城
纽约
波士顿
弗利沃兰
盐湖城
渥太华
温尼伯
里士满
艾伯特亲王城
雷吉纳
杰斐逊城
新奥尔良
圣安东尼奥
迈阿密

埃尔帕索
图森
菲尼克斯
墨西哥城
洛杉矶
旧金山
科科
俄克拉何马城
圣保罗
麦迪逊
芝加哥
圣路易斯

躁不安。"为了鼓励他们，我必须得走在前面。过了河之后，我们只走了几个小时，就看到有人带着枪从茂密的灌木丛后边出现，那枪显然是用来攻击旅行团的。"强盗们看到一个欧洲人站在探险队的最前面，也知道欧洲人在旅行时会全副武装，于是就开始礼貌地鞠躬，邀请探险队去他们的村庄过夜。"当时已经很晚了，我们得找个地方过夜，但我们该如何应对眼下这种局面呢？"这几个苏联人决定给他们最好的左轮手枪装上子弹，喝了足够多的咖啡，以确保他们在夜间不会打瞌睡，还把他们最后的两瓶五星级白兰地作为礼物送给强盗首领。"向导回来的时候已有几分醉意，不过他还带回了炸鸡、一罐蜂蜜和一大摞用埃塞俄比亚画眉草做成的煎饼。"

埃塞俄比亚画眉草这种谷物的种子很小，比小麦、黑麦或大麦的种子要小得多，不过和那些经过驯化的作物一样，埃塞俄比亚画眉草的谷穗也经过了人工选择，成熟后不会破裂。尽管埃塞俄比亚画眉草是埃塞俄比亚特有的一种作物，但其驯化前的野生近亲品种在热带和温带地区分布很广。只有埃塞俄比亚人喜欢吃这种与众不同的面粉做成的面包，并把野草变成了一种作物。埃塞俄比亚画眉草种子的谷蛋白含量很低，因此用它制成的面团并不具备小麦面包发酵的那种弹性。埃塞俄比亚画眉草面粉在与水和香料混合后，会被放在一旁进行发酵和增稠。然后面糊会被倒在一个滚烫的烤盘上，这样做出来的巨大煎饼就叫作英吉拉（injera）。它们含有一定的水分，有弹性，上面还有在烹饪过程中由于气体逸出而留下的小孔。英吉拉吃起来有一点儿酸味，而且和世界各地的其他饼类一样，在餐桌上人们通常用它们把其他食物兜住或者包起来，然后一口放进嘴里。

尽管瓦维洛夫的向导从强盗营地那里带回来的英吉拉从植物学角度

来说是很独特的一份礼物，而且其他的食物也很美味，但聪明的苏联人还是决定不能相信这伙人表面上的热情好客。酒精让盗贼们渐渐失去了意识，而咖啡却让他们意图袭击的对象越发清醒，瓦维洛夫的团队就这样得以成功逃脱。凌晨3点，探险队收拾行装匆匆离去，留下仍在熟睡中的强盗。

可悲且具有讽刺意味的是，在工作中勇敢无畏，经历过死里逃生的瓦维洛夫却因为一场无妄之灾而失去了性命。

不过，瓦维洛夫的故事还有一个苦乐参半的结尾。1941年6月，德国军队迅速越过苏联边境，9月，他们到达列宁格勒城外，遭到了苏联人的激烈抵抗。苏联政府最终认为研究所中存放的种子需要被抢救出来，并制订了转移种子的计划。德国人也计划夺取这些种子，并组建了一支名为"苏联回收突击队"（Russland-Sammelcommando）的德国纳粹党卫军特殊部队来完成这项任务。苏联人成功地将一小部分种子转移到了安全地带，但最大也是最重要的一部分种子，还有一些坚持留下来保护种子的员工仍被围困在这座城市中。这些科学家中有很多人死于饥饿，但却守护了这些原本可以帮助他们缓解饥饿的珍贵种子。

德国人打算通过轰炸将列宁格勒夷为平地，但希特勒的狂妄自大不经意间使得研究所和种子并没有遭到彻底的毁坏。这位纳粹领导人坚信自己会占领这座城市，而且已经派人为他准备在阿斯托里亚酒店举行的庆功宴印制请柬，瓦维洛夫的研究所碰巧就在阿斯托里亚酒店和德国领事馆附近，躲过了最严重的炮击。

1979年，传记作家G. A. 戈鲁别夫（G. A. Golubev）研究了瓦维洛夫收集的种子和他的育种计划对于苏联农业的影响，直到那时，人们才终于意识到瓦维洛夫留给世界的遗产有多么重要。根据戈鲁别夫的计算结果，在苏联80%的耕地上种植的农作物品种都源自瓦维洛夫研究所里存放的那些种子。约1 000个新品种是以瓦维洛夫的名字命名的，而这些品种每年能多生产500万吨粮食，按当时的官方汇率计算，其价值超过15亿美元。

像瓦维洛夫创造出的这种"种子库"在基因方面有丰富的多样性，从而使作物和它们的野生祖先相比，能够适应的气候范围更广，生长的地理区域也更大。面包小麦品种就是一个很好的例子，正是因为它的基因组适应性强，才有了成千上万个不同的品种。然而即便如此，小麦也是有局限性的，全球气候变暖已经给全球的粮食产量带来了负面影响。如果品种多样性的潜力已经把一种作物对于气候的适应性推到了极限，那么这时候最好的战略应该是选择另外一种能更好地适应当下气候的作物。瓦维洛夫在他的第一次远征中，就目睹了这样的变化。

1916年，也就是在十月革命爆发的前一年，在波斯（今伊朗）进行采种远征的瓦维洛夫采集到了大麦、黑麦和小麦的地方品种，其中还包括当地一种对霉菌病完全免疫的小麦。在收集种子的时候，瓦维洛夫观察到冬麦田里到处都是如杂草一般的黑麦，而且在山区里海拔越高的地方，长势不佳的小麦就越容易被黑麦取代。根据这一发现，他提出黑麦最初只是麦田中的一种杂草，后来在与小麦一起被收割的过程中意外经历驯化，并在小麦生长不良的地方被当作了一种替代品，如今这个观点已经被普遍接受。

黑麦是一种比面包小麦更耐旱的作物，更适合于贫瘠的土壤和寒冷的气候，最北可以被种植在北极圈内。这种谷物的蛋白质含量很高，而且含有一种罕见的碳水化合物，叫作阿拉伯木聚糖（也叫戊聚糖）。阿拉伯木聚糖能吸收大量的水，在自然环境下这些水有助于黑麦种子的萌发，而在烹饪中则使黑麦粉的保水能力达到小麦粉的4倍。小麦面包会很快变硬，因为面包里面的淀粉在烹饪和冷却后会结晶和硬化，不过这个过程是可逆的，这也就是为什么在加温后面包又会变得新鲜。相比之下，阿拉伯木聚糖在冷却后仍然是软的，从而大大延长了黑麦面包的保质期。

黑麦曾是北欧和东欧的穷人赖以为生的食物，如今在这些地区仍然很受欢迎。19世纪，这些地区的移民来到美国，由于人们对黑麦的需求，这种作物开始被广泛种植。到了20世纪60年代，随着对黑麦的需求减少，黑麦的种植数量也越来越少，不过却发生了一件奇怪的事情，黑麦开始作为一种杂草出现在其他作物中。到了21世纪初，美国西部有100万英亩①的农田里到处是黑麦，一年就会造成2 600万美元的损失。针对这种情况，人们提出了各种各样的理论：或许后来出现的这种黑麦是一种新的杂交体，或者有可能这种作物在曾经被人为种植过的田地里已经能够自我繁衍了？在对黑麦的特性及基因进行研究之后，我们发现这两种观点都是错误的。事实是，黑麦在旧世界意外被驯化，然后作为一种农作物被带到新世界，最后又在北美洲变回了杂草。单个基因的改变使黑麦恢复了落粒性（这对于野生植物传播种子是非常有利的），而且种子也变得像野生品种一样小。抛开农业对我们人类自身进化的影响不谈，没有什么能比黑麦的例子更能证明进化是如何持续不断地发挥作用的。

作物驯化的过程不仅让农作物在进化中有了重大的改变，也直接和间接地影响了我们人类自己。20世纪30年代，澳大利亚历史学家V. 戈

---

① 1英亩≈4 046.8平方米。——编者注

登·柴尔德（V. Gordon Childe）在自己的著作中，把约1万到1.2万年前发生在新石器时代的事件称为一场革命，因为人类社会在这一时期发生的变化实在太重要了。新石器革命的意义如何夸大都不为过。为了耕作，人们开始在某个地区永久居住，产出的余粮使人口得以增长，并且让一部分劳动力有机会从事与食物采集的基本需求完全无关的工作。如果没有新石器革命，那么一万多年后人类历史上的另一个转折点——工业革命也是不可能发生的。

尽管农业带来了充足的食物，但对于新月沃土地区的第一批耕作者来说，向以谷物为基础的高淀粉饮食转变并不是一件特别有益健康的事情。有证据表明，为了适应这种全新的饮食方式，我们的唾液发挥了很大的作用。对着眼前的食物流口水当然是不礼貌的，但美食的香味总是被人形象地描述为"令人垂涎"，正是因为食物的气味刺激唾液腺分泌出大量唾液，让我们为享用大餐做好准备。唾液的主要成分是水，还有多种不同的酶，其中就包括一些开始消化时用到的酶，所以说消化的起点在口腔，而不是胃。唾液中可能有高达一半的蛋白质都是一种叫作α-淀粉酶的物质，这种酶可以将淀粉分解成糖，不过并不是所有人的唾液中都有相同含量的α-淀粉酶。

尽管唾液中α-淀粉酶的含量会受到各种因素的影响（比如说压力），但是导致人与人之间有差异的一个主要原因是他们经遗传得到的α-淀粉酶基因的拷贝数不同，可能是1~15之间的任何一个数字。我们并不清楚为什么这种特定基因的拷贝数会有如此大的差距，但是，新石器革命似乎提高了大量食用淀粉的种群的平均拷贝数。

在一项研究中，人们比较了三个高淀粉饮食种群和4个低淀粉饮食种群中α-淀粉酶基因的拷贝数。高淀粉组包括日本人、有欧洲血统的美国人（他们通常会吃大量的谷物，比如大米、小麦和玉米），还有非洲一个名叫哈扎的狩猎采集部落，尽管哈扎人不从事农业活动，但会采集和食用富含淀粉的块根和块茎。而低淀粉组包括另外三个非洲部落和一个西伯利亚部落。研究发现，在α-淀粉酶基因的拷贝数上，高淀粉组的人要比低淀粉组的人平均多出两个。这表明数量更多的α-淀粉酶基因可能是对高淀粉饮食的一种进化性适应。

基因拷贝数的差异一定在农耕开始之前就出现了，所以我们不难想象，自然选择会如何对群体中这种预先存在的差异施加影响，从而让那些吃面包、大米，或者块根和块茎时能更好地消化淀粉的人获益。但这个理论有一个美中不足的地方，那就是实际上大部分淀粉都不是在口腔里被消化的，而是被消化道里的另一种由胰腺分泌的淀粉酶所消化。与唾液中α-淀粉酶的情况相反，胰淀粉酶的基因并没有被复制，因此不同的人所携带的拷贝数是一样的。尽管如此，由于在口腔中与食物混合在一起的唾液淀粉酶在胃里仍然可以发挥作用，所以α-淀粉酶基因拷贝数较高的人可能确实比那些拷贝数较低的人可以更高效地消化淀粉类食物，而这个效率假说是很容易被验证的。

淀粉在被完全分解后，会产生葡萄糖，后者是为所有活细胞提供能量的分子。因此，如果效率假说是正确的，那么在食用淀粉后，α-淀粉酶基因的拷贝数较高的人与只有少量拷贝的人相比，血液中应该出现更多的葡萄糖。但令人惊讶的是，这个实验出现了完全相反的结果，拥有大量唾液淀粉酶的人和拥有少量唾液酶的人相比，前者血液中的葡萄糖要少得多。到底是怎么回事呢？

血液中的葡萄糖含量受到胰岛素的精细调控。随血液循环的葡萄糖过多对人体来说是很危险的，这就相当于过多的汽油进入了汽车发动机。这样看来，拥有大量α-淀粉酶基因且淀粉摄入量很大的人确实从这种基因组成中得到了好处。然而，这里的好处并不是他们能更高效地消化淀粉，而是摄入大量淀粉之后，他们的血液不会处于葡萄糖含量过高的危险之中。由于血糖过高会导致2型糖尿病，所以拥有大量α-淀粉酶肯定是自然选择会关注的一个优势。如果这个假说是正确的，唾液淀粉酶的作用就不仅是开始消化淀粉，还有在口腔中把淀粉分解为糖，通过味觉受体发出大量淀粉即将进入消化道的预警。这样胰岛素就可以被提前分泌，血糖水平也不会达到危险的程度。

谷物驯化不仅从基因上改变了人类依靠高淀粉食物生存的能力，也影响了人类最好的朋友的进化。至少在一万年前，也许更早的时候，狗由狼驯化而来，所以从农业诞生以来，它们就一直在我们的餐桌旁，从我们的剩菜中觅食。狗不像人类那样有唾液淀粉酶，但通过比较狗和狼（狼是狗的野生祖先）的基因组，我们发现在驯化过程中，有三个影响淀粉消化的基因变异了。驯化导致的其中一个变化就是，为狗的消化系统提供淀粉酶的基因拷贝数大幅增加。进化使得狗适应了以我们餐桌上富含淀粉的面包屑为食的生活。

我们中的大多数人都把日常食物当作是理所当然的存在，殊不知它们已经默默发展了1.2万年，以一切可能的方式改变着我们。当我们学会为了达到自己的目的而引导动植物的进化时，便为新石器革命打下了基础。农业在为人类提供食物的同时，还扩大了人类种群的规模，产出的余粮让我们有了为生者建造城邦，为逝者修建坟墓的物质基础。农业也让我们有时间去思考自然的奥秘，并最终揭示其规律。达尔文在观察驯化对于动植物的影响时发现，使这些生物体满足我们需要的人工选择过程，就类似于塑造了我们和其他所有生物的自然选择。面包驯化了我们，而此刻我们正在驯化地球。

一块面包带我们回到了农业诞生的时代，又让我们看到驯化作物对于人类进化的影响。新鲜面包的香味不断刺激着胃液分泌，口腔中的淀粉也在生理上让我们为接下来的菜品做好了准备。我想是时候喝汤了，你觉得呢？

汤品

汤——味道

汤一直在提醒着人们，所有对生命来说重要的东西归根结底都是溶解或悬浮在水中的物质。生命本身就是从海洋中诞生的，而且很可能就在深海热液口附近，这些喷口在涌出热水的同时，使海底温度升高，一些有趣的化学反应随即发生。尽管查尔斯·达尔文在有关生命起源的出版物中总是避免推论，但1871年他在写给植物学家约瑟夫·胡克（Joseph Hooker）的信中，终于有机会提出自己的猜想，那就是生命可能诞生于"一个温暖的小池塘，里面有各种各样的铵盐和磷酸盐，还有光、热和电等"。

进化生物学家和博学家J. B. S. 霍尔丹（J. B. S. Haldane，1892—1964）后来把这个小池塘称为"原始汤"（primordial soup），这种叫法也被一直沿用到现在。尽管在生命起源的问题上，持对立观点的人们偶尔为了表示异议，曾提出生命诞生于原始的可丽饼，甚至是原始的油醋汁，但汤始终是生命菜单上最受欢迎的第一道菜。事实上，有一位瑞士的食品科学家甚至提出，从非生命的原始汤到生命本身的转变过程中，所有早期的步骤都可以从类似淀粉的多糖开始，通过厨房中的化学反应来实现。

虽然我个人赞同土豆汤可以孕育出生命的观点，但我实在不愿意在热液口上烹饪它。

让·安泰尔姆·布里亚–萨瓦兰（Jean Anthelme Brillat-Savarin，1755—1826）是著名的法国作家，著有《厨房里的哲学家》（*The Physiology of Taste*），他断言没有什么地方的汤会比法国的汤更美味，还说这并不奇怪，因为"汤是我们国民饮食的基础，数百年的经验造就了现在的完美"。在刘易斯·卡罗尔（Lewis Carroll）的《爱丽丝梦游仙境》（*Alice in Wonderland*）中，那只假海龟（The Mock Turtle）也同样对汤充满了热情：

> 美味的汤，绿色的浓汤，
>
> 在热气腾腾的盖碗里装！
>
> 谁能不为这样的美味而折腰？
>
> 属于今晚的汤，美味的汤！
>
> 属于今晚的汤，美味的汤！

哈洛德·马基（Harold McGee）在他的经典著作《食物与厨艺》（*On Food and Cooking*）一书中，带领我们近距离地观察了一碗热腾腾的日式味噌汤，向上翻滚的汤裹着轻软的食物颗粒，就好像上升的波状云，而我们就好像从天空俯瞰世界的上帝。显然，汤里可以有很多名堂，也充满了味道。当我们口腔里的汤汁含有营养成分或者可能有毒的物质时，味觉会告诉我们。舌头上的5种感觉细胞能分辨出咸、甜、酸、苦和鲜这5种味道。有越来越多的科学家认为，脂肪的味道是第六味觉，而且在舌头上也有相应的感觉细胞。亚里士多德也是这样认为的。

味噌汤除了咸味，还有一种令人愉悦、浓厚饱满的味道，叫作鲜味。几千年来，咸、甜、酸、苦早已成为公认的4种不同的味道，而鲜味直到1909年才被发现。那一年，东京帝国大学的化学教授池田菊苗（Kikunae Ikeda）发表了一篇日语论文，在文中他说道，除了当时大家普遍公认的4种味道之外，至少还有一种味道："这是一种独特的味道，让人感觉很'umai'（即日语的'美味'），这种味道是由鱼、肉等食材产生的。最能体现这种味道的食物是用干狐鲣和海带（Saccharina japonica）熬制的狐鲣鱼汤（日语中被称为'dashi'）。尽管这种味道是以主观感觉为基础的，但很多被问到的人都会马上，或者在短暂的考虑后表示同意这种猜想……我提议把这个味道命名为umami（鲜味）。"后缀"mi"在日语中表示"本质"的意思，所以umami其实就是"美味的本质"。

尽管池田坚信鲜味是一种独特的味道，而且一直潜伏在我们眼皮底下，从未被人发现，但为了证明鲜味的存在，他必须确认这种味道的化学基础。他知道，不管自己要找的化合物是什么，它一定是水溶性的，并且存在于海带中，所以他首先对一种含水的海带提取物（也就是厨师们口中的海带汤）进行了化学分析。然后是一系列耗时费力的蒸发、蒸馏、结晶、沉淀，还有你能想到的所有工序，总共38个步骤。池田终于得到了一些口感粗糙，但有海带汤味道的晶体。再经过少量化学药品的处理，池田证明了纯化后的晶体实际上就是谷氨酸。事实证明，谷氨酸的钠盐，也就是谷氨酸钠最能提鲜。

池田谦虚地表示："这项研究揭示了两个事实：一是海带汤中含有谷氨酸盐，二是谷氨酸盐带来了鲜味。"实际上，他取得的更重要的成就是，他找到了我们味觉体系的第五种味道。除此之外，池田还在理论与实践上做出了另外两项重要贡献。在理论方面，他研究了我们为什么要有感知鲜味的能力。谷氨酸存在于很多富含蛋白质的食物（比如肉类）中，即使在含量很低的情况下也可以被品尝到，所以这能给我们提供一个正面的信号，那就是我们正在品尝的食物很有营养。人类母乳中的谷氨酸盐浓度是牛奶的10倍。我们在品尝鲜味时所获得的满足感，似乎就是在自然选择过程中为了确保我们吃的是健康的东西而产生的。

在实践方面，池田发明了一种生产谷氨酸钠（MSG，就是味精）的方法，并取得了专利权，如今味精已经作为烹饪的一种增味剂而得到广泛应用。在像海带这样的海藻中，谷氨酸钠的重量能占到干重的3%，而每年在中国收获的海带多达25亿吨。海带能成为味精的优质来源，是有生物学方面的原因的。每个细胞外面都有一层细胞膜，其作用是包裹和保护细胞内含物。细胞膜是半渗透性的，只允许像水这样的小分子进出。当两种浓度不同的溶液被半透膜隔开时，就会发生渗透，在这个过程中，水分子会从浓度较低的溶液移动到浓度较高的溶液中。只有当膜两侧的盐浓度通过水的穿膜移动达到平衡时，渗透才会停止。新鲜海藻的含水量可高达90%，想象一下，如果海藻细胞被浸在海水中，发生渗透的话，会发生什么——海水中高浓度的盐会导致细胞很快失水、萎缩并死亡。解决方法就是在溶液上做文章。海藻细胞中的谷氨酸钠有助于弥补海水和海藻细胞液之间的盐浓度差异，从而防止细胞脱水和死亡。所以不难想象，在含盐量最高的海洋中生活的海藻，其谷氨酸钠的含量也是最高的。

相比于从海藻中提取到的白色结晶体，如果你希望找到一种更贴近生活的谷氨酸盐的来源，你会发现它天然地存在于煮熟的番茄和各种发酵食品中，比如豆瓣酱和日本豆面酱。上好的帕马森干酪吃起来有一种沙砾感，那是熟化过程中自然形成的谷氨酸钠晶体导致的。不妨在你的意式蔬菜汤里撒上一点儿！

池田发现从海带中提取的谷氨酸盐有鲜味后不久，他的一位学生从狐鲣鱼汤的另一种主要原料干狐鲣中分离出一种肌苷酸盐的分子，并且发现后者也有鲜味。肌苷酸是一种核苷酸，也是DNA形成过程中的一类重要化合物，因此营养价值很高。所以说，狐鲣鱼汤中包含两倍剂量的鲜味物质。几十年后，也就是20世纪50年代，一位日本食品科学家在研究中发现，酵母分解后会产生鸟苷酸盐，而这种物质同样有鲜味。他还发现，将鸟苷酸盐或肌苷酸盐与谷氨酸盐混合后，其鲜味将远超任何一种分子单独产生的味道。于是，我们用简单的化学知识就能解释为什么狐鲣鱼汤会成为如此美味的一种汤底，海带中的谷氨酸盐和干狐鲣的肌苷酸盐相互结合，共同触发了一枚鲜味炸弹。

狐鲣鱼汤可能是最纯正的传统液体增鲜剂，但实际上好的原料才是所有汤的根本出发点，而且几乎所有的食谱都包含一个步骤，那就是小火慢煮像骨头或鱼块这样富含蛋白质的食材，获得鲜味满溢的汤汁。鸡汤是一种极好的谷氨酸盐来源，以至于有一些菜系几乎只依靠它作为汤底。汤底中的动物性原料是谷氨酸盐的主要来源，而同样来自动物性原料的肌苷酸盐或者添加植物性原料或蘑菇产生的鸟苷酸盐则能提供开启鲜味的核酸"钥匙"。

将鱼换成干香菇，我们就可以做出素食版的狐鲣鱼汤。事实上，香菇和其他许多食用菌经过脱水，并用温水泡发之后，会成为鸟苷酸盐和谷氨酸盐的丰富来源。泡发不应该用热水，因为这样会破坏蘑菇中释放味道分子的酶。煮熟的番茄在做酱料和汤时能起到很多作用，其中之一就是其中所含的谷氨酸盐有助于提鲜。有人要尝一尝蘑菇番茄比萨吗？

尽管鲜味一直就在我们的食物中，但它作为第五种味道而在日本以外的地方被接受已经是几十年后的事了。这一认知过程进展如此缓慢的一个原因是，食盐（即氯化钠）和谷氨酸钠的味道有些相似，所以有人说谷氨酸钠的味道就是盐的味道。不过，池田在他的论文中早就给出了这个问题的答案。他指出，在浓度低于1∶400的盐水中，食盐的味道会变得无法察觉，而谷氨酸钠即使被稀释到1∶3 000，我们也仍然能品尝出它的味道。他进一步分析说，对酱油质量的检测正是基于这一原理，因为酱油既富含鲜味，也含有大量的盐。优质的酱油是在盐分被稀释后仍然有味道的酱油。从1909年池田的论文发表，到确认他的发现的生物学证据出现，过去了将近一个世纪。

我们对这个世界的所有体验，包括食物的味道在内，都是从我们感觉器官中的特化细胞开始，经过一连串的反应，并通过神经通路被传递到大脑。味觉器官是在舌头表面和上颌处被发现的味蕾。池田发现，他自己在品尝谷氨酸盐时，大脑会收到"鲜味"信号，但这种体验是很主观的，其他人在品尝谷氨酸盐的时候，就会认为自己只是得到了"咸味"信号。即使稀释试验表明，谷氨酸盐能被品尝到的最低浓度比盐要低得多，也无法让持怀疑态度的人相信这两种味道是完全不同的。

21世纪初，人们发现味蕾中一些细胞外表面的蛋白质会对谷氨酸盐、鸟苷酸盐或者肌苷酸盐产生特异性反应，但对食盐是不会的，从而最终确认了鲜味的确是一种独特的味道。那些蛋白质属于一个被称为受体的分子家族，其作用类似于味觉通路上的小锁。只有形状和化学成分都符合要求的分子才能打开受体，然后受体再向大脑发出"鲜味"的信号。当然，我们可能并不会有意识地记住鲜味，而只是想着"嗯，真好吃"。

事实证明，鲜味受体实际上不止一个，而是一对受体蛋白，这就解释了为什么在用两把不同的"钥匙"开锁时，受体的反应会比用一把"钥匙"的时候要强烈得多。第一把"钥匙"就是谷氨酸盐，而第二把"钥匙"有可能是鸟苷酸盐（主要存在于煮熟的植物性食物和真菌中），也有可能是肌苷酸盐（来自动物性食物）。当细胞在烹饪、分解或发酵过程中被破坏，这几种物质就会被释放出来。谷氨酸盐与某种核苷酸盐的组合相比于谷氨酸盐本身而言，是一个更能反映食物营养品质的指标。

鲜味受体中的两种蛋白质由两种基因产生，分别叫作 *T1R1* 和 *T1R3*（注意，基因的名称用的是斜体字，例如 *T1R1*，而由它们编码的蛋白质名称则用正体字，如 T1R1）。在一向以简约著称的进化过程中，还形成了由 T1R1 蛋白质和另一种叫作 T1R2 的蛋白质结合而成的感知甜味物质（比如糖）的受体分子。这个由三种相似的味觉受体蛋白构成的家族与两种重要的营养物质的感知有关，所以有可能是从同一个祖先基因进化而来的，不过截至写这本书的时候，这个假说还未被证实。

人们倾向于认为进化是一个定向过程，就像一辆没有倒挡的汽车似的，但这与事实不符。自然选择从随机混合的有用和无用的性状中筛选出的性状，如果不再有优势，也是有可能被淘汰的。在进化过程中，控制无用性状的基因往往会积累突变，成为幽灵般的"拟基因"，而这些不过只是曾经有用的基因留下的苍白阴影而已。在猫和某些只吃肉的食肉动物中，由于它们不需要感知甜味的能力，控制 T1R2 蛋白质的基因也就不再起作用。所以，你的猫即使碰到美味的甜的小鼠，也是感觉不到甜味的。熊虽然是食肉动物，但也吃浆果，所以它们仍然拥有感知甜味不可缺少的 *T1R2* 基因。大熊猫是熊的近亲，不过只吃竹子，所以不难想象，它们只能品尝到甜味，而品尝不到鲜味，也就是说 *T1R3* 基因是不起作用的。而海狮在进食时从不咀嚼，会把食物整个吞下，因此对于这些吃鱼的家伙来说，不管是鲜味受体还是甜味受体都是多余的，这样 *T1R* 家族的三个成员就都变成了拟基因，同样的现象也分别发生在从不咀嚼的海豚和吸血蝙蝠身上。或许在这里我们应该警示生活在基因组时代的孩子们："不咀嚼就会失去味觉。"

当我从烹饪跑题到猫、熊和海狮的故事上时，我们的汤已经沸腾了，所以我们不妨尝一尝吧。这道汤有一种令人满足的浓郁口感，我们知道那是鲜味，还有加入的少量酒醋带来的味道，但还少了点儿什么。是什么呢？当然，还需要一点儿盐！和其他4种基本的味道一样，咸味也有相对应的味觉受体细胞。盐或者说氯化钠（NaCl）在溶液中会离解为带正电的钠离子（Na^+）和带负电的氯离子（Cl^-）。我们品尝到的，或者可以说需要的是钠离子，而它正是通过受体细胞外膜上的通道进入了特化的咸味受体细胞。

钠对动物来说是必不可少的，因为它是所有体液的重要组成部分，其浓度处于精细的调控之下。食物中低浓度的盐是很受人喜爱的，即使在浓度比能品尝出咸味的程度低很多的情况下，盐也可以起到改善风味的作用，而另一方面，高浓度的盐可能会令人反感，毕竟没人愿意喝海水。据说有夜总会给洗手间里的自来水加盐，从而迫使口渴的客人购买昂贵的瓶装水来补充水分。

在对小鼠的研究中，我们发现感知咸味的味觉受体细胞实际上有两种。一种能感知低浓度的钠（而且只有钠），促使个体产生趋盐行为。而另一种细胞只能感知到高浓度的氯化钠和其他盐类。对第二种咸味受体细胞的刺激会导致避盐行为。尽管我们尚不清楚人类是否也有两种咸味受体细胞，但这似乎很有可能。如果是这样的话，把"恰到好处的咸"和"难以忍受的咸"看作不同的味道就合乎逻辑了，这样的话，那就可以说至少有6种基本味道。我怀疑是否只有我一个人喝过咸到令人讨厌的汤。

甜、咸和鲜都是让人愉快的味道，不过它们有一对"丑陋的姐妹"，那就是苦和酸。苦是一种让我们不自觉地开始皱眉头的味道，你想想那些有苦味的食物，就会发现它们全都来自植物。尽管十字花科中所有的蔬菜，比如抱子甘蓝、甘蓝、羽衣甘蓝和青花菜都已经被驯化，刺激性的味道也进行了改良，但还是有苦味。豆瓣菜和芝麻菜的苦味则没有经过驯化，而对于芥菜和它的近亲山葵和辣根来说，它们的辣味甚至有可能在驯化中不断增强，我们似乎很享受这种味道。

芥菜及其近亲的苦味来自一种叫作硫代葡萄糖苷的化合物。它们是起防御作用的分子，能阻止昆虫的蚕食，但还是有特定种类的毛毛虫能吃掉它们，如果你自己种菜的话，就会非常清楚我在说什么。事实上，芝麻菜的拉丁学名 *Eruca* 在拉丁语中就是毛毛虫的意思。尽管硫代葡萄糖苷没能让芸薹属植物免受所有毛毛虫的侵害，但却可以保护植物免受霉菌病等真菌病害。

在自然选择的长期作用下，已经不存在任何动物都无法耐受的毒素了，不过这通常是以动物食性的高度特化为代价来实现的。葫芦素是一种让黄瓜、笋瓜以及它们的同类变苦的化学物质。杂食性的二斑叶螨会被葫芦素毒死，而黄瓜甲虫却对这种物质有耐受性，葫芦素的气味就像黄瓜大餐前的摇铃声一样吸引着它们。

你也许会认为用苦味蔬菜做出来的汤不好喝，但由于我们对味道的反应其实很复杂，再加上烹饪的神奇魔力，豆瓣菜在与奶油或土豆一起熬制的汤中，或者在一种用猪肋排熬出的中式肉汤中的表现都非常突出。芥菜还能为浓汤提味，比如加了洋葱、熏猪腿、格鲁耶尔干酪、斯提尔顿奶酪和杏仁的奶油浓汤。芝麻菜除了做汤以外，还可以与切成薄片的帕尔马干酪搭配成经典的沙拉，吃一口，就能同时感受到苦味、咸味、脂肪味和鲜味。

另外一大类让植物有苦味的化合物是黄酮类化合物，这种物质在汤里基本不存在，但它出现在茶里却很受欢迎，而偏苦的茶可以用柠檬或牛奶来调和。植物用来保护自己的另一种苦味化合物是生物碱，其中包括一些致命毒药，如士的宁和一些精神药物（吗啡、可卡因和咖啡因等），不妨想想咖啡会有多苦吧。尽管奎宁这种物质是出了名的苦，但我们很喜欢印度奎宁水中那种被甜味弱化后残留的一丝苦味。并不是所有人都喜欢不加糖的巧克力所带来的那种苦味，但其中被称为可可碱的生物碱却对巧克力的味道和带来的愉悦感至关重要。

苦味的奇怪之处还在于，光是触发这一种味觉的化合物种类就有很多。有甜味的分子只有几十种，有鲜味的只有几种，但有苦味的竟然多达几千种。其原因就在于大多数植物都利用某种毒素来保护自己，因此食草动物在进化中逐渐具备了感知毒素的能力。在我们的味蕾中只有一种感知苦味的细胞，但在它的表面有多达25种不同类型的受体蛋白质，而且每一种都是由相对应的 $TAS2R$ 基因产生的。如果用前文提到的钥匙和锁进行类比的话，这就相当于在触发苦味的细胞上有25把不同的锁，其中任何一把被打开都会使大脑接收到苦味的警示信号。能触发苦味反应的钥匙（也就是分子）种类越多，这个警报系统就越有效，我们受保护的程度也就越高。有些受体经过细致的调节，只能感知到一种苦味化合物，不过似乎大多数受体可感知的范围都比较广，能对许多分子做出反应，而且能感知到的苦味化合物可能有所重叠。例如，有三种不同的受体都能感知到啤酒中啤酒花的苦味。

使我们能对如此多的苦味做出反应的基因，在小鼠和其他哺乳动物的身上也是存在的。人类的祖先和小鼠的祖先在 9 300 万年前就分道扬镳了，这说明我们共有的味觉基因在进化史上已经存在了很长时间。素食的动物比不吃蔬菜的动物有更多的苦味化合物受体基因。比如猫只有 6 种，而小鼠有 35 种。我们人类共有 25 种苦味受体基因，这表明我们的祖先以各种各样的植物为食，就像我们现在的类人猿近亲那样。我们在人类的基因组中，发现了 11 个曾经编码苦味受体的拟基因，而这些基因失效的时间比 9 300 万年前要早得多。

通过一个巧妙的实验，我们就能知道尽管锁（也就是受体蛋白质）能感知到食物中的苦味或甜味分子，但我们觉得这些东西难吃或者好吃其实取决于味觉细胞与大脑的连接方式。研究人员利用基因工程技术，把甜味受体细胞上正常的受体蛋白质换成了苦味受体蛋白质。以这种方式被改造过的小鼠对苦味物质的反应就好像在吃甜食一样，不会像往常一样避开，而是吃得干干净净。正是这种各式各样的锁（受体）对应一扇门（味觉细胞）的机制，使得进化过程只需要对受体进行细微的改变，就能使其可感知的苦味分子的种类增多。

酸味既没有苦味那么复杂，也不像苦味那样令人讨厌，所以在烹饪中的作用更加重要。酸味来源于一些弱酸，比如柠檬和未成熟果实中的柠檬酸，或者醋里的醋酸。未成熟果实的酸味对植物能起到非常明显的作用，能够在果实里的种子准备好被播撒到全世界之前，防止动物把它们吃掉。醋也是一种生物用来威慑敌人的物质，但来源不同。

当果实从树枝上落下，或者乳汁从乳房中流出后，所有没被吃完或者喝完的部分都会开始发酵，因为这些东西对于酵母和细菌来说就是一顿大餐。发酵是在没有空气的情况下，微生物分解糖类并产生诸如酒精（就酵母而言）或乳酸（就乳酸菌而言）之类的废物的过程。酒精和乳酸不仅是微生物产生的废物，也是抑制其他酵母和细菌生长的武器，防止它们争夺养料。我们通过腌制的方式来保存食物是同样的道理。如果你在家酿过啤酒或葡萄酒，就会知道气闸是发酵能否成功的关键。如果在酒精发酵的过程中有空气进入，那么整个环境就会变得更适合产乙酸细菌繁殖，这样酒精就会变成乙酸（也就是醋）。

尽管酸味分子形状和大小各异，但它们有一个共同的特性，就是在溶解状态下会使化学环境中的氢离子（H^+）增多。氢离子并不像甜味、鲜味或苦味分子那样需要复杂的"锁钥"机制来触发味觉，它只需从细胞膜上的通道进入就能刺激到对应的味觉感知细胞。

高浓度的酸会损伤细胞，人们不喜欢太酸的东西可能也是出于这个原因，不过适度的酸味，特别是在与另一种味道（比如咸味或甜味）混合时，会带来一种令人愉快的味道，例如，西班牙安达卢西亚的一种用酒醋做的西班牙凉菜汤，还有我最喜欢的一种中国四川的酸辣汤，后者添加了用发酵后的大米制成的醋。如果没有柠檬酸的酸味，果汁就会甜得发腻，缺少那种使人感到清爽的味道。

奇怪的是，5~9岁的孩子对酸味的反应与婴儿和成人都不同。查尔斯·达尔文从自己孩子的身上看出了这一点，他注意到孩子们喜欢食用大黄和类似醋栗的水果，但这些东西对成人来说都太酸了。糖果生产企业也利用这一现象，针对这一年龄段开发出了酸度很高的产品。对于孩子的这种偏好，有人解释说是因为这样能鼓励孩子们吃含有维生素C的水果，但这个猜测并没有解释为什么这种偏好在童年晚期会消失。还有一种猜想是，对酸味食物的偏爱本身并没有什么益处，而只是一个体现这个年龄段的孩子在饮食习惯成形的时期，愿意尝试新食物的例子。这种假说也得到了一项研究结果的支持，人们发现，特别喜欢酸味的孩子通常不怎么挑食，也更愿意尝试新的食物。不过，很难说这能否算作一种进化上的优势。

不管是喜欢享用咸鳀鱼，或是偏爱粉红色，还是对自由爵士乐感兴趣，当我们说某件事儿是"品味问题"时，表达的其实是人们的喜好各不相同的意思。但事实证明，当这种说法被应用于味觉本身时，就不仅仅是一种比喻了，因为味觉能力往往受到人与人之间基因差异的影响。尽管在两种鲜味受体基因中，人与人之间的差异很小，但 *T1R2* 基因的序列在某种程度上还是不一样的，这可能是为了感知不同种群中不同的甜味物质而做的改变。然而，所有 *T1R* 基因的变体加起来，也没有决定个体对苦味物质感知能力的基因变体多。

最广为人知的例子就是对一种叫作苯硫脲（PTC）的化学物质的味觉敏感度。对有些人来说，这种物质是极其苦的，而对有些人来说，它几乎是无味的。1931年，人们无意中发现了这种差异，然后很快意识到，能否品尝出 PTC 的味道取决于从父母那里遗传来的基因。在最近的研究中，我们已经确认这种差异的遗传基础是一种 *TAS2R* 基因，即 *TAS2R38*，它有两种不同的类型，或者说有一对"等位基因"。

一个很有意思的进化问题就是，为什么会存在不同的 *TAS2R38* 基因呢？有两点关于 PTC 尝味的多种反应（多态性）的重要事实能说明这背后是有某种原因的。第一点就是，全世界有45%的人是"味盲者"（无法品尝 PTC 的味道），无论高比例"尝味者"（能够品尝出 PTC 的人群）是否比"味盲者"更有优势，45%都是一个令人难以置信的高比例。那么有没有可能是某种因素在维持着这种平衡呢？ 1939年，现代进化生物学的三位开创者罗纳德·费舍尔（Ronald Fisher）、E. B. 福特（E. B. Ford）和朱利安·赫胥黎（Julian Huxley）在参加爱丁堡国际遗传学大会时有了一项不寻常的发现，从而证实了这一观点。

在参会期间，费舍尔、福特和赫胥黎提出想去爱丁堡动物园，看看那里的黑猩猩在品尝PTC时的反应是否具有多态性。令人吃惊的是，他们发现答案是肯定的。有两种假说可以来解释。一种是，如果黑猩猩和人类的共同祖先已经有了不止一种 TAS2R38 基因，且这两个物种都从祖先种群那里继承了这种多态性，那就意味着这种现象已经存在了600多万年。另一种是，多态性可能是在两个物种中分别出现的，那就意味着发生了趋同进化，或许在这两个物种中有相似的选择压力在发挥作用。截至写这本书时，人们还是无法确定究竟哪种说法是正确的，但无论如何，都很难避免得出这样一个结论——出于某种原因，自然选择确实左右了这一特殊基因的变异。这个原因可能是什么呢？

从两种等位基因不同的遗传密码中，我们可以找到一些线索。我们在其他物种的味觉基因中已经看到，突变可以改变遗传密码，也可以使无法继续让个体获得优势的基因失活。因此，猫失去了感知甜味的能力，吸血蝙蝠失去了鲜味味觉，而相对应的基因也只剩下曾经发挥过作用的"幽灵"基因。不过，"味盲者"的 TAS2R38 等位基因并没有出现这种情况。突变并没有导致基因失活，突变后的基因仍然在起作用，只是表达的结果和"尝味者"的不一样而已。尽管这个基因看起来仍然对应一种苦味受体，但这把在进化中被改变的锁已经无法再被PTC打开了。

人体中有25种苦味基因 TAS2R，在大多数情况下，我们仍然不清楚在众多的苦味化合物中，哪些与它们对应的受体相匹配，所以也难怪我们对*TAS2R38*基因并不完全了解。所有这25种*TAS2R*基因都是多态的，存在等位基因，但没有一种像*TAS2R38*基因这样在全世界表现出如此均衡的多态性。许多吃起来有苦味的植物成分都有药用价值，例如奎宁能够抗疟疾。有证据表明，在黄瓜及其近亲（如西葫芦）中发现的苦味物质有抗癌作用，这些物质在植物驯化过程中已经基本上被去除了，但当植物受到干旱胁迫时，这些物质仍会出现在某些品种的果实中。因此"味盲者"的*TAS2R38*等位基因有可能通过让携带者食用更多的绿色植物而起到了一些重要的保护作用。不过，我们并不知道是哪些绿色植物，也不清楚"尝味者"等位基因会发挥怎样的平衡优势。

我承认在这一章里，我提到的"汤"里固体悬浮物比液体更多，不过味道正是通过一种物质悬浮在另一种物质中产生的。味觉和所有的生物过程一样，依赖于液体介质，严格说来从来就没有"固态生物学"这回事。在进化过程中，人类很早就拥有了味觉受体，它能告诉我们什么好吃，什么不好吃，并让我们做出相应的反应。比较我们的鲜味、甜味和苦味的味觉受体与其他动物的受体就会发现，我们和它们一样，这些受体都是为了适应自己特定的饮食习惯。脂肪味可能也是一种基本的味道，而且确实很有吸引力。所以，当我们把必需营养素放进嘴里时，味觉受体就会向大脑发出信号，比如蛋白质对应鲜味，碳水化合物对应甜味，而脂质对应脂肪味。当然，味觉受体只是进化赋予我们的感觉器官的一部分。你的嗅觉会告诉你下一道菜是什么。

副菜

鱼——气味

鱼的气味可以很淡，也可以是一次对感官的猛烈冲击。鱼的气味的好坏几乎完全取决于它的新鲜程度。最新鲜的鱼闻起来几乎没什么气味，只有一种青草的芳香，这是由于鱼自身细胞释放的酶分解多不饱和脂肪酸而产生的。即使在可以成功储存肉类的低温（不冷冻）条件下，鱼肉仍会分解。这是因为深海鱼通常生活在低温环境中，所以它们的酶也适应了在这种环境下发挥作用。而酶起作用的时间稍微长一点儿，就会释放出氨基酸和核酸，比如我们熟悉的能产生鲜味的谷氨酰胺和肌苷。日本有一种技术是将新鲜的白肉鱼鱼片用海藻裹起来，然后放在冰箱里。几天之后，鱼肉会吸收海藻中的谷氨酸盐，再加上鱼自身释放出的肌苷，鲜味会进一步加强，然后就可以当作生鱼片来享用了。

除非利用冷冻来抑制分解，否则细菌会很快加入这场盛宴之中，在细菌的作用下，会产生越来越多有臭味的分子，使得鱼肉的气味从新鲜变得平淡，接着有些甜味，然后变得不新鲜，最后变成腐臭味。本杰明·富兰克林（Benjamin Franklin）曾经说过："鱼放三天发臭，客住三天讨嫌。"鱼腥味是一种叫作三甲胺（TMA）的化合物产生的，三甲胺是无味的氧化三甲胺（TMAO）的分解产物。接着，TMA分解，释放出氨气，而氨气也是鱼腥味中另一种有刺激性气味的成分。氧化三甲胺对于鱼的作用和谷氨酸钠对于海藻的作用是一样的，它帮助细胞与含盐的海水达到渗透平衡，不然海水会把鱼的细胞中的水分吸走。

五种基本的味道（甜、苦、酸、咸和鲜）几乎不足以完全描述鱼肉在每个阶段变化无常的气味。这是因为气味是一种多感官的体验，需要将五种基本的味道与嗅觉、触觉（即口感）、视觉、听觉和记忆结合在一起，从而使我们的体验有了无限的可能。甚至连口腔中的疼痛感受器也在感知气味的过程中发挥着作用，正是通过它们，我们才能感觉到辣椒强烈的刺激性。

18世纪的法国化学家波利卡普·蓬斯莱（Polycarpe Poncelet）神父是最早认识到味觉和嗅觉之间有互补性的科学家之一。他把不同味道的相辅相成比作音乐中的和声，并在五线谱上表示出来。嗅觉对于气味的感知是必不可少的，当鼻子由于感冒而堵塞或者被捏住，这种感觉就失灵了，我们也就进入了一个几乎没有气味的世界，与拥有丰富多样气味的日常世界相比，这样的世界简直太平淡乏味了。不过，在人类的各种感觉中，嗅觉是最不受重视的，从2 000多年前开始，它就被许多人低估和中伤，当时亚里士多德写了这样一句话："我们的嗅觉比不上其他所有生物，也比不上我们拥有的其他所有感觉。"

当然，猎犬能追踪到驯犬员完全无法察觉的气味，但我们的嗅觉真的比不上其他所有生物吗？就算亚里士多德在试图表明观点的过程中有一些夸张的成分，他的说法和真实情况真的差不多吗？如果对气味感知至关重要的嗅觉创造出了如此多样的感官体验，那我们的嗅觉真的有可能这么弱吗？人类、狗和小鼠在约9 500万年前有共同的哺乳动物祖先，狗和小鼠从它们那里继承到了卓越的嗅觉，而在进化过程中，我们的这种与生俱来的权利是否被剥夺了呢？而基因与这一切又有什么关系呢？

我们的嗅觉和味觉一样，也是一种化学检测系统，其工作原理与感知苦味、甜味和鲜味分子的方式相似。嗅觉和我们的其他感觉一样，也是在大脑中被感知到的，鼻子内部有上百万个嗅觉受体细胞，通过神经与大脑相连。和舌头上感知苦味的受体一样，鼻子里的每个嗅觉受体细胞外表面都携带着被称为嗅觉受体（OR）的蛋白质，能够触发这些受体的分子种类很有限。不同的受体蛋白是由不同的基因产生的。除此之外，味觉和嗅觉在产生的原理上还有一些关键性的差异。

我们有大约25种不同的感知苦味物质的受体和相应的基因，但我们拥有的嗅觉受体数量是这个数字的10倍还要多。我们有大约400个不同的基因，每个基因都会产生一种不同的OR蛋白质。然而，苦味受体和嗅觉受体之间还有一个更重要的区别。就苦味受体而言，尽管有25个不同的种类，但我们感知到的各种触发受体的化学物质都是一样的味道，那就是苦味，因为所有的苦味受体细胞都经由一条通路与大脑相连接，因此大脑只能接收到"啊，好苦"的信息。但嗅觉受体细胞的连接方式却不是这样。事实上，在这400种受体细胞中，每一种都有自己通往大脑的专用通路。这二者之间的差别，就好比一边有25条电话线，都连接着消防部门，所以后者接收到的信息总是"救命！着火了！"而另一边是接到400个朋友打来的电话，而每通电话所传递的信息都相互独立，各不相同。从进化的角度来看，对于警报系统来说，单线连接的方式是比较合理的，但气味则更加微妙和多样，它要传递有关食物和性的信息，则需要有一个信息量更大的感知系统。

　　那么，亚里士多德提出的"人的嗅觉系统是所有感觉中最不发达的，并且在同类生物中是最迟钝的"这一观点是完全错误的吗？这个问题的答案很有意思，也并不像看上去那么简单。当我们对比人类和其他哺乳动物的OR基因数量时，会发现亚里士多德似乎是正确的。例如，非洲象体内起作用的OR基因达到惊人的2 000种，所以它们肯定是地球上嗅觉最强的动物。不妨告诉那些以自己高超的品酒能力为傲的朋友，他们的嗅觉像大象一样灵敏，然后看看他们有何反应。这应该被视作一种称赞。

　　考虑到在整个人类基因组和其他哺乳动物的基因组中只有大约25 000个基因的事实，拥有2 000种OR基因，或者哪怕像大鼠和小鼠那样只有这个数量的1/2，就足以说明嗅觉在进化过程中是相当重要的，即使对于只有400个OR基因的人类来说也是如此。但与其他哺乳动物相比，我们的OR基因为什么这么少呢？这到底是因为在进化过程中，天生更有优势的物种比我们获得了更多的OR基因，还是我们人类的祖先在与其他哺乳动物的祖先分道扬镳之后丢失了起作用的OR基因呢？答案就是上述两个方向的进化都产生了很大的影响。在我们的OR基因越来越少的同时，大象的OR基因越来越多。

　　OR基因相对较少的不仅仅是人类，还有其他的灵长类动物。黑猩猩拥有的数量和我们差不多，而猩猩只有不到300个。如果你那个以自己的嗅觉能力为傲的朋友不喜欢别人说他的嗅觉像大象一样灵敏，当他知道自己的嗅觉至少比猩猩要好时，或许会得到一些安慰。可以肯定的是，灵长类动物较少的OR基因数量反映出我们在进化过程中遭受了巨大的损失，因为灵长类动物基因组中的拟基因和功能好的基因同样多。换句话说，我们远古的祖先比我们拥有更多的OR基因。

拟基因是曾经的功能性基因留下的遗骸，就像在公路上排成一列的报废汽车一样，彻底过时，又无处可去。奇怪的是随着时间的推移，灵长类动物在OR基因越来越少的情况下似乎一直适应得不错，而以非洲象为代表的几种哺乳动物的同一类基因却在自然选择的作用下越来越多。我们不清楚人类丢失的OR基因在仍然拥有它们的动物身上会起到什么作用，但可以肯定的是，它们一定能让动物闻到人类闻不到的气味。比如，小鼠能闻到二氧化碳气体。因此对小鼠来说，苏打水肯定有一种我们无法察觉的气味。物种之间会有这种差异的原因还是一个科学谜团，不过这可能与不同物种吃的东西不同有关。我们可以大胆地猜测一下在灵长类动物的进化过程中可能发生的事情。

对于正常的功能性基因，只要它们能直接或间接地帮助携带者留下后代，自然选择就会清除掉那些会将这些基因变成拟基因的突变。这意味着如果我们知道OR基因是如何工作的，也许就能找到与它们如何失效的问题有关的线索。或者换句话说，我们真正需要的OR基因有多少呢？这才是美食爱好者真正感兴趣的问题。在鼻腔中，只有一小块黏膜上有OR细胞，这些细胞接触到的气味有可能是通过鼻孔进入，也可能是从口腔内部经由连接鼻道与喉咙后部的通道进来的。第一种方式是你在吸气或闻什么东西时会用到的，叫作鼻前通路。而第二种被称为鼻后通路，是在呼气时用到的。当你在咀嚼食物的时候，食物释放出的所有挥发性化合物都是经过鼻后通路到达鼻腔内的OR细胞，从而让食物的风味因为有嗅觉的参与而更加饱满。

鼻前嗅觉和鼻后嗅觉的功能是不同的。鼻前嗅觉是对外部世界的体验，告诉你外面有什么气味。而鼻后嗅觉感知的是口腔内的小环境以及你正在吃或者喝的东西。尽管鼻后嗅觉是在鼻腔中产生的，但我们会误以为那是嘴巴里的一种味道。这就是导致我们低估自己嗅觉能力的主要原因——我们下意识地把鼻后嗅觉的产生归因于食物的口感和味道。

有人提出，当我们的祖先学会用两条腿走路，并能够依靠视觉而不是嗅觉来预知危险时，灵长类动物的OR基因就开始减少了。这就降低了鼻前嗅觉的重要性，使得鼻后嗅觉变得要更重要一些。接下来的问题是，400个OR基因是否足以让我们有能力根据气味来区分营养食物和有害食物呢？

我们可以确信，这个问题的答案是肯定的，因为大脑对从400种嗅觉受体细胞输入的信息进行了一些非常复杂的处理。大脑在面对400条信息通路时，能做的最简单的事情是区分出400种气味，事实上大脑要聪明得多。实际的情况是，许多分子会触发不止一种OR细胞，而大多数OR细胞也对不止一种分子有反应。结果就是，在400条通路中，大脑从来不会一次只接收到从其中一条传来的信息，而总是同时接收到从几条通路传来的一组信息，而特定的组合会告诉大脑，鼻子里有哪些分子。

对于同一种分子，有些OR细胞只会在其低浓度的状态下做出反应，而有些则会在高浓度时做出反应。因此，根据分子数量的不同，可能被激发的OR细胞组合和引起的反应都是完全不同的。例如，在茉莉花和香橙花的精油以及哺乳动物的粪便中都发现了3-甲基吲哚分子。由花朵产生的低浓度的3-甲基吲哚气味甜美芬芳，而粪便散发出的高浓度的3-甲基吲哚则恶臭难当。

哪怕在可供组合的感觉输入只有少数几种的情况下，大脑也能有不错的表现，我们对颜色的感知就是一个极好的例子。在眼睛的视网膜上，能感知颜色的视觉细胞只有三种，一种只对红光有感，一种只对蓝光有感，而最后一种只对绿光有感。通过组合从这三种细胞输入的信息，大脑就能看到上百万种颜色，其中包括一些纯粹是人们想象出来的、在光谱中根本不存在的颜色，比如品红色。

所以，亚里士多德对于我们嗅觉的判断既对，也不对。他所说的正确的是，我们不像其他大多数哺乳动物那样有能力嗅出环境中的危险或者机遇，但其他的部分都是错误的。多亏了我们的大脑，我们才能将从有限的400种受体细胞获得的嗅觉组合信号转化成超过一万亿种不同的气味。所以说，我们的嗅觉要比视觉灵敏得多。

把OR细胞发送到大脑的众多信号，和从5种（或6种）基本味觉的受体传来的信号，以及食物中各式各样其他的感觉输入（比如咬苹果或者脆玉米片时的触感和声音）以所有可能的方式组合在一起，会产生无限多种风味。嗅觉绝不像亚里士多德所断言的那样是所有感觉中最弱的，事实上它是其中最强的。讽刺的是，我们和亚里士多德一样，仍然没有意识到自己超常的嗅觉能力，因为这种能力主要通过鼻后通路来实现，而我们在错觉的影响下，误以为那些气味完全来自口腔。

进化似乎很喜欢和OR基因开玩笑。这些基因和与之相伴的气味不仅在不同物种之间有种类和数量上的差异，而且在物种内部的个体之间也存在很大的差异。于2000年完成的人类基因组测序是一座科学史上的里程碑，加深了我们对自身物种的了解。两个相互竞争的科学团队争分夺秒地完成了基因组的第一份草图，一个是由政府资助的团队，而另一个是以克雷格·文特尔（Craig Venter）为首的由风险投资公司资助的团队。几年后，文特尔透露自己的团队测定的并不是人类的基因组，而是一个人的，也就是他自己的基因组。我们在谈到人类基因组时，给人感觉好像只有一种似的，但其实我们每个人都有自己的副本，而且每个副本都略有不同，尤其是OR基因的部分。

在对1 000个人的基因组中约400个OR基因进行比较后，我们发现在这个样本中，平均每个基因都有10种不同的变体（即等位基因）。每个人体内的每个基因都有两个拷贝，一个遗传自妈妈，另一个遗传自爸爸，而事实证明，在一个人的OR基因中，平均有一半都有两种不同的等位基因。这意味着，尽管我们每人只有400个OR基因，但所有不同拷贝加起来的数量要比这个数字多一半，也就是说有600个等位基因。在每个OR细胞中，都有一个等位基因被用于合成其独特的嗅觉受体蛋白质，而且所有的等位基因都参与了这个过程，因此这600种蛋白质都在你的鼻子里发挥着作用。

对于不同气味的偏爱是因人而异的，很大程度上受到个人经验和饮食文化的影响，但实际上人与人之间在OR基因上的差异也会产生影响。烹饪用的香菜（或称芫荽）在中东、亚洲和其他一些地区的菜系中被广泛使用，但有些人却觉得它吃起来有股令人讨厌的肥皂味。约翰·杰勒德（John Gerard，约1545—1612）很早就写过一本非常受欢迎的草本植物志，他说香菜是一种"很臭的草"，而且叶子"有毒"。研究人员在调查了近1.2万人对香菜的好恶之后，发现对这种植物的厌恶与特定OR基因的变异有关，尽管这种相关性并不是很强。

鱼在还没有变得特别臭的时候，气味主要受到其他特性的影响，尤其是肉（几乎都是肌肉）的质地和油脂含量。不同鱼类的肉质和油脂含量是不同的，这取决于它们的肌肉在进化过程中需要适应的不同生活方式，而所有鱼类的生活方式都是受它们的生存介质，也就是水的特性支配，这一点并不令人意外。

如果你仔细观察一条正在游动的鱼，特别是从上方看，就会发现它是通过波浪形地摆动身体而在水中前进的。这个动作是依靠身体两侧的肌肉交替收缩，再加上流线型的身体，鱼就能在水中以缓慢而稳定的速度前进，而且需要的能量很少。这种不太耗费能量的游动方式需要靠含有肌红蛋白的肌肉来实现。肌红蛋白类似于红细胞中的血红蛋白，能储存不间断游动所需的氧气，而它所使用的养料则以油脂的形式被储存起来。我们熟悉的鲱鱼、鲭鱼和沙丁鱼都是肉色较深的油性鱼类。肥美的鲱鱼肉可能含有高达20%的脂肪。

尽管以平稳的速度在水中游动几乎是不费力气的，但如果突然加速就会受到很强的介质阻力。你可以在浴缸或游泳池里亲自试验一下。在水中缓慢地移动手掌是很容易的，但如果要突然快速地推动手掌就很困难，突然的移动使水在你的手掌前形成了一道墙，阻挡你的手前进。对鱼来说，在面对捕食者的时候，能否瞬间加速可能就是一个生死攸关的问题。而对捕食者来说，这能决定是饱餐一顿还是忍饥挨饿。因此，为了在瞬间加速时有足够的爆发力，鱼需要大量可以即刻释放的肌肉力量。在像鳕鱼和其他白肉鱼这种大型掠食性鱼类中，我们发现了很多能提供这种力量的白肌。鳕鱼肌肉中的油脂含量只有0.5%，而且不含肌红蛋白。金枪鱼是一种迁徙数千英里的大型捕食者，它的肌肉呈粉红色，性质介于白肌和红肌之间。

鱼的肌肉结构对其适合的烹饪方式和鱼肉的口感至关重要。陆地动物的肌肉和鱼类的肌肉所发挥的作用是不同的。陆地动物必须利用它们的肌肉来支撑身体，抵抗重力，因此它们的身体往往由紧密结合在一起的几个部分组成，这些部分牵引着像杠杆一样的骨头。硬骨鱼利用一个充气的鱼鳔在海水中获得中性浮力，因此它们的肌肉只有一个功能，那就是产生推进力。被烹煮得很嫩的鱼肉入口即化，鱼肉释放出微妙风味，同时会呈片状散开，这正是因为鱼的肌肉是沿着身体的轮廓层层重叠的，这样肌肉就可以在鱼游动时帮助身体完成所需要的波浪形运动。

随着腐烂过程的继续，尽管鱼会变得越来越臭，但也未必不能吃。在挪威有一种腌鳟鱼（rakfisk），就是将腌制后的鱼埋藏几个月，并使其发酵。有人说挪威腌鳟鱼闻起来就像是在一堆穿过的球衣里放了一个星期的臭奶酪。而用发酵后的鱼制成的酱汁是越南和泰国菜系中必不可少的原料。在古罗马时期，人们在烹饪中也经常使用一种叫作鱼酱（garum）的调味料。从古罗马时期流传至今的最古老的烹饪书，是由生活在公元1世纪的一位名叫马库斯·加维乌斯·阿比修斯（Marcus Gavius Apicius）的美食家写的（不过这种说法还有待考证），其中包含了465种食谱，超过3/4的菜都要用到鱼酱。

根据文献和考古证据，2 000年前罗马人制作和使用鱼酱的方法已经被复原了。品质最上乘的鱼酱是用新鲜鲭鱼的血液和鱼肠这些最没价值的原料制成的。将鱼的原材料和盐按4∶1的比例混合，放在石缸中，在顶部压几块石头，这样可以使原料始终浸泡在迅速渗出的液体中。由于空气被排出，再加上盐的作用，细菌和真菌的生长被抑制，因此在这种条件下发酵是由鱼的细胞释放出的酶引起的。食物通常是在内脏中被分解，所以利用内脏来发酵可能是因为其中含有充足的消化酶。在阳光下经过数月的发酵后，就可将咸味液体从缸中捞出并装瓶，方便在烹饪时使用。鱼酱和现代的鱼露一样，含有非常丰富的鲜味成分，也就是肌苷酸盐和谷氨酸盐。

由于制作鱼酱的地方总是散发出腐臭味，所以罗马作家似乎对鱼酱有一种爱恨交加的感情。罗马的一些城镇甚至禁止生产鱼酱，只有少数几个沿海的地区在集中生产，比如在现今西班牙的阿尔穆涅卡尔，还能看到罗马时代制作鱼酱时用过的石缸。有人说，鱼酱加工是古代世界唯一的大型制造业。遍布罗马帝国各地的沉船中都发现了用于运输鱼酱的双耳陶罐，而鱼酱甚至被远销到不列颠岛北部哈德良长城的最外围。和现在一些最受欢迎的烹饪酱料一样，鱼酱也给生产它的人带来了财富，比如有一位名叫奥卢斯·乌姆布里库斯·斯考卢斯（Aulus Umbricius Scaurus）的鱼酱大亨，他来自意大利命运多舛的古城庞贝，后来有人在1 000千米外的法国南部发现了刻有他商标的赤陶酱油瓶。

在新鲜状态下，最美味的海产并不是带鳍的鱼类，而是贝类，其中包括贻贝和蛤蜊这样的软体动物，及螃蟹和对虾这样的甲壳纲动物。它们之所以如此美味，其中一个原因就是贝类不像带鳍的鱼那样，用无味的TMAO来防止海水使细胞皱缩，而是利用像甘氨酸这样的游离氨基酸。这些氨基酸在贝类体内的生理作用与TMAO在带鳍的鱼体内所起的作用是一样的，但它们能刺激到我们的鲜味受体，因此吃起来非常鲜美。

味觉受体和汤展示了进化和烹饪是如何让基本的生活需要得到满足的，而嗅觉受体和鱼类则展示了进化与烹饪的关系也可以很微妙。深吸一口气，你闻到了什么？是烤肉吗？

主菜

肉类——食肉性

食用肉类的行为塑造了我们的进化过程。在第2章的家族聚会活动中，我们知道了人类祖先是如何开始吃肉并成为杂食动物的。330万年前，在我们的祖先露西生活过的埃塞俄比亚地区，有人用石器把骨头上的肉撕下来。而这些人可能和露西一样，也是南方古猿阿法种，也就是被认为是人属直系祖先的古人类。显然，露西和我们一样是既吃植物又吃肉的杂食动物。

　　肉类和鱼类是我们能获得的蛋白质含量最丰富的食物，能够提供人体需要但机体组织无法自行合成的所有必需氨基酸。肉类还能提供均衡饮食所需的其他基本成分，而这些成分如果光靠从植物中摄取是难以满足需要的。其中包括铁、锌、维生素B_{12}和多不饱和脂肪酸等对大脑和其他组织的发育必不可少的物质。当然，依靠精心搭配的素食，人也有可能健康地生活，但是完全不含动物制品的纯素食对人体营养的挑战证明，我们已经适应了杂食性。

　　所有为了获取肉而养殖的动物，包括那些现在被养在板条箱、层架式饲养笼和围栏里的工业化生物的祖先，在驯化之前都是在野外被猎杀的对象。是时候听听它们的进化故事，从而了解我们是如何对它们产生了深远的影响。石器并不是见证如何从狩猎向畜牧过渡的唯一证据。还有一个隐藏于内部的线索，就是绦虫。

成年绦虫生活在动物的内脏里，而且生活得相当安逸，食物已经被送到眼前，它们要做的就只有一天到晚地闲逛和产卵。不过，这些卵面临着所有寄生虫都会遇到的问题——找到并感染新的宿主。为了完成这个任务，绦虫会从宿主的食物链下手，感染宿主会食用的动物。人的肠道会被三种绦虫感染，一种来自牛（牛带绦虫，*Taenia saginata*），两种来自猪（亚洲带绦虫，*T. asiatica* 和猪带绦虫，*T. solium*）。绦虫在幼虫阶段会钻进牛和猪的肌肉中，当我们吃下这样的肉时就会被感染。只有肉食者才有可能感染绦虫。只有当绦虫幼虫被肉食者吃下去之后，这种寄生虫的生命周期才算完成。

由于牛和猪都是家养动物，所以过去我们认为自己一定是从 1 万到 1.2 万年前农业起源时才开始从这些动物身上感染绦虫的。然而通过进化分析，我们发现人类与这些寄生虫的联系可以追溯到上百万年前，而不仅仅是几千年前。牛带绦虫和亚洲带绦虫与在非洲的狮子和羚羊之间传播的一种绦虫有共同的祖先。这表明，当我们的祖先开始和狮子吃一样的猎物时，这两种能在人体内寄生的绦虫的共同祖先就成功侵入了人体。在 200 万到 250 万年前，原本只在狮子和羚羊之间传播的绦虫开始在人类和羚羊之间传播，而我们的祖先一定在此之前就变成了惯常的肉食者。

在我们的祖先感染了绦虫之后，大约在 170 万年前的时候，我们体内单一种类的绦虫就分裂成两个物种，即牛带绦虫和亚洲带绦虫。我们并不知道这种分裂，或者说物种形成事件是如何发生的，但是由于这两种绦虫的宿主不同，所以分裂成一种通过牛传播而另一种通过猪传播，可能是为了使绦虫能够感染不同宿主并且适应在它们的体内生存。通过对绦虫的物种形成进行更加深入的进化研究，我们可以了解到一些有关当时人类饮食的情况。例如，如果绦虫的物种形成是在直立人身上发生的，那么这到底是因为我们的这位祖先在吃羚羊的同时也开始吃野猪，还是不同的直立人种群捕食不同的动物，然后相互交叉感染呢？

我们体内的第三种绦虫是猪带绦虫，它与在鬣狗体内发现的绦虫有共同的祖先。在非洲的稀树草原上，当早期人类或类人猿祖先和鬣狗吃着一样的猎物时，就会以与感染其他绦虫的途径相类似的方式感染猪带绦虫。还有一种会在人食用猪肉时侵入人体的肠道寄生虫——旋毛虫（ *Trichinella spiralis* ），它们也是通过类似的途径造成古人类的感染。我们的祖先第一次品尝到的肉或许原本就是被鬣狗和狮子杀死的猎物，古人类挥舞着石制武器，甚至火把将猎物偷走。无论是以何种方式开始的，我们的肉食习性都使人类与被猎杀的动物之间形成了越发密切的关系，并最终导致了畜牧业的起源，以及对牛和猪的驯化。我们与体内的三种绦虫在进化过程中长期的相互作用表明，是我们在驯化过程中使农场中的牛和猪感染了寄生虫，而不是相反的情况。

有两种预防绦虫感染的方法：一种是注重卫生，避免猪或牛接触含有绦虫卵的人类粪便，阻断传播途径；还有就是烹饪，从而杀死肉中具有感染性的虫卵。如果你喜欢吃半熟的肉，那么就只能依靠食物链中良好的卫生环境，和屠宰场里的肉品检验来让你远离绦虫和旋毛虫的侵害。

猪带绦虫和人类之间长期的相互作用从基因层面影响着这种寄生虫的进化，猪带绦虫似乎已经对烹饪有了一定的耐受性。细胞（包括我们自己的细胞）都含有热激蛋白，以抵御温度突然升高带来的伤害。在猪带绦虫的基因组中，编码热激蛋白的基因异常多，这说明与感染野生动物的绦虫相比，猪带绦虫对于热冲击的防护已经非常完备了。如果人类最早从150万年前就开始烹饪肉类（这看起来很有可能），那么绦虫体内增多的热激蛋白就是意料之中的进化结果，因为这样可以提高肉中感染性的虫卵在烹饪过程中存活，进而被传播并完成生命周期的概率。

除了在石器和绦虫进化中发现的人类食肉的早期证据外，我们还可以从后来发现的洞穴壁画中找到直接证据。尽管最早期的壁画描绘的不是动物，而是人的手部轮廓，但在这些手中，有的握着对抗猎物的长矛，有的抓着用来把肉从骨头上撕下来的石器，还有的在准备烤肉用的火。印度尼西亚、澳大利亚和欧洲国家尽管相隔遥远，但在这些地方的洞穴墙壁上都发现了上千个主人不明的手印，这些手印都是向上伸展的，就像第一次在幼儿园接受点名时急不可耐的小孩在骄傲地喊着："我在这儿！"4万年后的今天，我们听到的并不是久远的喧嚣，而是我们共通人性的祖先向现代人发出的亲密召唤。

这些手印是通过用嘴喷出颜料的方式被印在洞穴墙壁上的，比喷雾罐的发明足足早了4万年。我们的祖先以这种方式在人类的家庭相册里喷上了属于自己的标签，就像涂鸦艺术家的名字一样特别。5 000年后，在印度尼西亚一个名叫苏拉威西的热带岛屿上，第一只可辨认的动物被画在洞穴墙壁上。这是一只胖胖的雌性鹿豚，动物学家给这种奇特的动物起的拉丁学名叫 *Babyrousa babyrussa*，奇怪的是这个名字的前后两部分发音是一样的。

鹿豚是一种苏拉威西岛特有的猪，不过和其他已知的猪都不一样。鹿豚有两对獠牙，一对从下颌部伸出，而另一对从上颌部伸出。位置较低的那对獠牙是巨大弯曲的犬齿，但位置较高的那对獠牙是从向上旋转的齿槽中长出来的，所以牙齿从动物面部的中间位置穿出，然后向后弯曲。我们并不清楚这些奇怪的獠牙有什么作用，要知道它们太脆弱了，根本无法用于攻击或防御。当地人的说法是，这些獠牙和吊床钩子的作用是一样的，当鹿豚想要在安全地带打个盹儿的时候，就会用獠牙把自己挂在树枝上。就算鲁迪亚德·吉卜林（Rudyard Kipling）要把鹿豚写进他的《原来如此的故事》（*Just to Stories*）一书中，也不可能想象出比这更好的解释了。鹿豚是杂食性动物，以坚果和水果为食，尤其喜欢吃杧果。雄性的体重可以达到200磅。想象一下，如果你抓住一头正在打盹的鹿豚然后烤熟，以杧果为食的它吃起来会是什么味道呢？

两万年前，生活在欧洲南部的狩猎者所创作的动物壁画可以说是有史以来最精美的。在法国拉斯科和肖维，以及西班牙的阿尔塔米拉发现的著名洞穴壁画，都是居住在冰盖边缘的旧石器时代的人类留下的杰作，因为当时整个北欧地区都被冰层所覆盖。这些壁画上尽管没有树，但到处都是在开阔的栖息地上吃草的动物，这个场景很像今天塞伦盖蒂热带草原上的景象，但到了冬天这里的气温就一直稳定在零下20摄氏度或以下。这种植被类型被称为草原（mammoth steppe）。

法国南部巨大的肖维岩洞直到1994年才被发现，那里的壁画用高超的技艺展现了旧石器时代动物形象。你会看到16只狮子组成的兽群在追逐7头野牛，旁边是一头猛犸象和三只犀牛。在洞穴里另一个地方的壁画上，画着三只洞熊，而且画家巧妙地利用岩石表面的凸出部分，为它们的身体增添了栩栩如生的立体感。人们在洞穴中还发现了几百只洞熊的遗骸，说明这种现在已经灭绝且比灰熊大很多的物种曾习惯性地在那里冬眠。壁画上还有马、北美野牛、野山羊、驯鹿、马鹿、麝牛、巨鹿和原牛。从画家对这些动物身体结构的熟悉程度来看，他们可能已经吃了很多次这种动物。他们留在洞穴（比如肖维岩洞）里的动物骨头证明他们更喜欢吃驯鹿肉，还喜欢砸开长骨吸食里面的骨髓。在这一时期，肉的种类非常丰富，完全可以为这些洞穴艺术家和他们的家人提供所需的所有蛋白质。

苔原上这些有艺术天赋的狩猎者并不是仅仅依靠肉类为生，他们还会收集和加工植物性食物。在意大利南部的一个洞穴中，考古学家挖出了一块鹅卵石，还在上面发现了淀粉颗粒，这表明3.2万年前，生活在那里的人们曾用这块鹅卵石将野草的种子磨成粉。在研磨之前，他们还会把谷物晒干，直到今天，对于像燕麦这样的谷物，人们仍然利用这道工序来改善风味，保持品质。在夏天，还会有浆果、榛子和植物的根，但到了冬天，就没有可以采摘的东西了。也许他们在吃驯鹿肉的时候，还会搭配着从野田鼠的洞里搜到的植物种子和根。生活在阿拉斯加和西伯利亚的因纽特人以前就是以这种方式来补充饮食，同时还要注意区分可食用的根，和那些老鼠可以食用但对人类来说有毒的根。

随着全球气候变暖，覆盖北欧和北美的冰川逐渐消退，植被也随之发生了变化。森林取代了苔原上的阔叶草本植物、禾本科植物和低矮的灌木，苔原上的许多食草动物也跟随着自己赖以生存的植物向北撤退。现在，我们只能在非常靠北的地方才能见到驯鹿和麝牛。在欧洲，尽管马鹿和一部分马度过了环境变化的艰难时期，但其他以植物为食的物种，如猛犸象、长毛犀、洞熊和巨鹿都基本上灭绝了。而体型较大的食肉动物由于大多数猎物的消失，也相继灭绝了，其中包括剑齿虎、美洲拟狮和各种灰狼，而且从它们的颅骨化石可以看出，这些动物基本上只捕食野牛及其他大型猎物。

在不断缩小的苔原上，体型最大和特化程度最高的动物已经全部消失了。幸存下来的物种很像是残余种群，其遗传多样性要比从已灭绝种群的骨骼中提取到的 DNA 所表现出的多样性要低。在某些情况下，或许是人类狩猎者把气候变化首先影响到的动物吃光了，因此加速了动物走向灭绝的过程。通过对人类骨骼进行同位素分析，我们能够了解到个体一生中吃过哪些食物，发现这一时期最受人们喜爱的食物是猛犸象。这些挑剔的狩猎者生活在 3 万年前，考古学证据表明，在猛犸象及其栖息地消失之前，这个物种一直是整个苔原上最受人喜爱的猎物。

中国有一句著名的俗语，说的是每餐饭都能带来三重享受，即食前观察、吃中思想和品后体味。而猛犸象则能带来四重享受，除了能满足食前观察、吃中思想和品后体味之外，还能遮风挡雨，因为它们巨大的骨骼可以被用来建造住所。这种饱受迫害的动物最后藏身于西伯利亚东北部海域偏远的弗兰格尔岛上，在那里，它们直到 4 000 年前才完全灭绝，那时已知的最后一个大陆种群已经消失了 5 000 多年，这难道只是一个巧合吗？

在意大利、希腊、土耳其和以色列等地中海沿岸国家发现的考古遗址表明，早在距今 4 万到 5 万年，居住在海岸线附近的人们就开始扩大自己的饮食范围，这可能是由于人口不断增加，导致在当地也越来越难以找到体型较大的猎物，即使是在那个时代。在以色列的加利利海沿岸，人们发现了一个保存极其完好的营地，叫作"奥哈洛二号"（Ohalo Ⅱ），在这里我们能快速了解过去两万年发生的事情，以及农业诞生前人类生活和饮食的详细情况。奥哈洛二号是一个临时营地，在一段被地质学家称为末次冰盛期的时期里，狩猎采集者曾在几年内定期造访这里。在这一时期，冰川的边缘扩展到离两极最远的地方，地中海东部地区的气候因此变得寒冷而干燥。

2.3万年前，奥哈洛二号在被水位上升的加利利海淹没后，很快进入冰冻状态，并被淤泥和湖水所覆盖。浸满水的淤泥是很好的防护层，它不含氧气，能阻止细菌和其他催生腐败的物质破坏下面的东西。因此，我们不仅获得了曾经造访过奥哈洛二号的人饭后扔掉的骨头，以及一位男性被掩埋的骨架，还找到了用于建造房屋的木材、人们睡觉时用的草床、用来网鱼的绳子和铅坠，以及在同时期的其他考古遗址中很少被保存下来的人们收集的野生植物的遗骸。已经确认的人们在奥哈洛二号食用或者种植过的不同植物超过了140种，其中包括野生小麦和大麦，我们还知道这些作物被制成了面粉，因为在一块废弃的磨板表面还有残留的谷物淀粉粒。植物遗骸中包含13个物种的种子，尽管这些植物在今天的农田中被当作杂草，但这足以表明当时可能已经发展出人工种植的谷物了。

鱼类当然是这个湖最吸引人的地方，除此之外，奥哈洛二号的居民还吃了大量的瞪羚，他们能抓到的每一种鸟类（包括鸬鹚、鸭子和鹅，还有猛禽和乌鸦），以及鹿和偶尔才能捕获的欧洲野牛、野猪和山羊。值得注意的是，除了现在已经灭绝的欧洲野牛和已经变得稀有的山瞪羚以外，人类在奥哈洛二号食用过的大部分动植物如今在这个地区尚未被找到。

奥哈洛二号被水淹没后，人们就离开了这里，不过我们从以色列海法附近一个年代稍晚的瓦德遗址（el-Wad）了解到，在此后的8 000年里，狩猎采集者的饮食习惯和以前差不多，只是捕猎的对象变多了。生活在瓦德的人虽然还是最喜欢吃山瞪羚的肉，但他们食用的野生动物种类多了很多，包括海龟，甚至蛇这类小动物。饮食结构中食用小型动物的数量增多很可能说明，当地大型野生动物开始受到过度捕杀的影响。狩猎带来的影响越来越大，这当然就能解释为什么在瓦德的考古记录中，至此之后不到4 000年（也就是距今约1.17万年）就极少有大型动物和小型动物留下的遗骸。这种变化普遍发生在整个西南亚地区，因为那里的人们开始越来越依赖其他的谋生手段。

对于野生小麦、大麦和豆类等植物的逐步驯化已经持续了上千年，我们已经从中获得了富含蛋白质的作物，来替代供应不足的野生动物，不过还有另一种解决方案。根据被保存在人工土堆里的考古记录，我们就能知道当时的人们以什么为食，随着泥屋一次又一次建造与倒塌，然后在废墟上一次次重建，经过上千年才形成了这些人工土堆。每一层新的泥土都将有关前人住所和饮食习惯的记录掩埋于地基之中。在安纳托利亚的阿西科里塚（Aşıklı Höyük）就有这样一个人工土堆，经过挖掘，我们发现在距今1.02万到1.1万年间，狩猎者不再像瓦德的居民那样靠食用野生动物为生，而是开始养羊。这种向依赖驯化动植物的转变标志着农业的兴起和新石器时代的到来。

从狩猎采集到耕种养殖，这种谋生手段的转变触发了新石器时代的生育高峰。根据当时地中海东部地区墓地中的人类骸骨数量估计，每个妇女生育的子女数量几乎翻了一倍，从狩猎采集时代的5.4个增加到耕种养殖时代的9.7个。这种增长是一种全球性的现象，发生在每一个从狩猎采集转向耕种养殖的种群中。由于种植者一边狩猎，一边将自然栖息地转化为农田，新石器时代人口的增加使得野生动物种群所承受的压力进一步增大，同时也促使畜牧业成为养活所有新增人口的手段。驯化开启了我们从进化角度影响自然的新篇章，同时也改变了我们自身的进化轨迹。

有些动物会比其他动物更容易完成从被捕杀的猎物到家养动物的转变。相关证据表明，像野猪和鸡这样的物种被驯化了很多次，而很多其他物种，比如被奥哈洛二号的居民猎杀的几十个物种却从未被驯服。猪和鸡是食腐动物，这一习性可能会让它们的生活范围极为靠近人类的聚居区，然后渐渐开始依赖人类为其提供食物，从而开始了驯化的过程。

在家养禽畜中，鸡是最方便携带的，于是不管到哪里，我们都带着这种神奇的生物，因为它们可以把腐烂的残羹剩饭变成美味的肉和每天供应的鸡蛋。如果在鸟类中有一位荷马，那他就可以用自己的羽毛笔写一首长诗，讲述鸡四处旅行的经历，但在他出现之前，我们只能勉强看看苏斯博士写的故事，他预见性地提醒年轻的旅行者们该期待什么："当然，你也会很混乱，这你一直都知道。你会很混乱，因为身边总有很多奇怪的人。"

地球上的迁移活动，无论是对那些正在迁移中的生物，还是对让新移民感到混乱的定居者都会产生进化方面的影响。不管在新英格兰还是英格兰，在农场和后院里看上去十分本土的家禽实际上起源于异国。事实证明，查尔斯·达尔文在他的著作《动物和植物在家养下的变异》(*The Variation of Animals and Plants under Domestication*)中凭借惯有的洞察力所做出的推测是完全正确的，鸡的野生祖先是原产于亚洲的红原鸡。

现代遗传学和考古学分析表明，红原鸡并不是只被驯化了一次，而是在亚洲的不同地区被分别驯化了三次。最早证明人类食用鸡肉的考古学证据来自中国北部的黄河流域。在那里，考古学家发现了早在一万年前留下的鸡骨头，而且从中提取的DNA显示这种鸡与现代的家鸡有遗传上的亲缘关系。尽管没有直接证据表明这些年代久远的鸡骨头属于家养禽鸟，而不是野生鸟类，但由于在差不多同一时期，当地人已经开始

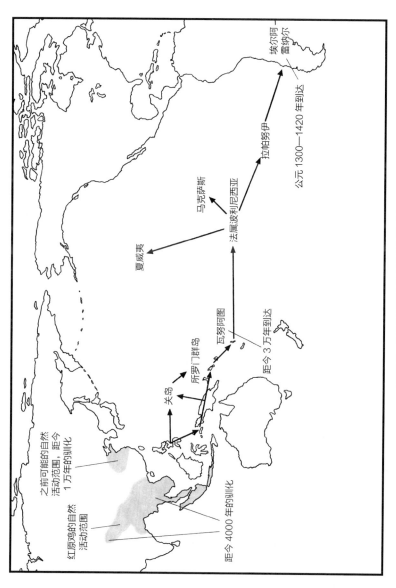

地图 5 红原鸡的驯化和太平洋迁移

埃尔阿雷纳尔

拉帕努伊

公元 1300—1420 年到达

马克萨斯

夏威夷

法属波利尼西亚

关岛

所罗门群岛

瓦努阿图

距今 3 万年到达

之前可能的自然
活动范围，距今
1 万年的驯化

红原鸡的自然
活动范围

距今 4000 年的驯化

养殖其他动物（比如猪）了，因此鸡的驯化很可能就是在那个时候或者之后不久发生的。红原鸡在黄河流域被驯化后不久，又在东南亚的泰国多地和印度分别被驯化。

从基因角度来看，现代家鸡的血统是很复杂的，这印证了它们的足迹确实遍及全球各地，而且在这个过程中，三次驯化事件产生的后代在生殖过程中有了很多相互接触的机会。泛亚地区第一次有记录的鸡之间的"会面"发生在 3 400 年前，当时来自中国的佛教僧侣在离开印度时，带回一只活鸡留作纪念。

美国和其他地方的消费者都偏爱一种黄色羽毛的鸡，但这种性状在野生红原鸡中根本找不到，而似乎是来自另一个物种——灰原鸡。这个物种原产于印度，不过并没有与野生红原鸡杂交，因此在几千年前印度某处的一个农场里，家鸡有可能是从它灰色羽毛的近亲那里获得了黄色羽毛的性状。

根据联合国粮食及农业组织的数据，2010 年，非洲共有 16 亿只鸡，而这些鸡的祖先至少是从三个独立的渠道踏上非洲大陆的。第一条路线相对靠北，将印度品种从埃及带进非洲，在 4 000 年前的埃及古代文献中，就有关于鸡的记载了。第二条路线似乎是经由非洲之角从东部进入的，和人类离开非洲的路线刚好相反。第三条路线也是从东部进入，不过是由东南亚出发经海路到达。

东南亚也是波利尼西亚人迁移的起点，他们散布在太平洋诸岛，不管走到哪里，都带着活鸡、大鼠、狗和食用植物。这可能是人类历史上最艰苦卓绝的一次迁移，他们乘独木舟在无边的大海上航行了数千千米，来到太平洋上最遥远的拉帕努伊（又称复活节岛）和夏威夷，并最终到达新西兰，他们到达后者的时间要相对较晚，距今只有 800 年。

拉帕努伊以其巨大的石雕像而闻名于世，它们日夜护卫着这片没有树木的贫瘠土地，这里的环境看起来很难会让一个种群有足够的人员、闲暇和意愿来建造这样的历史遗迹。然而，岛上的其他建筑却证明这种印象完全是错误的，比如沿海岸线排列的1 233间用石头造的鸡舍。这些鸡舍中最小的长20英尺，仅能满足家用，最大的长70英尺，宽10英尺，高6英尺，在地面上还有一个小洞供鸡进出。每间鸡舍周围都有用石头堆起来的围墙，防止鸡逃跑。岛上的鸡舍表明，禽类作为当时唯一的家养禽畜，其养殖的规模已经达到了产业化水平，一定可以随时提供肉类和鸡蛋。

从波利尼西亚人在远洋航行的独木舟上装载的食物中，我们找到了证明他们比克里斯托弗·哥伦布（Christopher Columbus）先到达美洲的证据。在智利中南部的埃尔阿雷纳尔，考古学家挖出了1300年至1420年间留下的鸡骨头。在对这些骨头中的DNA进行分析后，人们发现这些鸡在基因组成上与在萨摩亚、汤加和拉帕努伊出土的史前波利尼西亚鸡几乎完全相同。因此当1532年，西班牙征服者弗朗西斯科·皮萨罗（Francisco Pizarro）到达秘鲁时，所看到的那些鸡很可能就起源于波利尼西亚，那时它们已经成为印加帝国经济中不可缺少的一部分。

尽管航行了数千千米，但家鸡搭乘波利尼西亚人的独木舟来到美洲这件事并不像听上去那样只是个巧合。来自波利尼西亚的航海者们很清楚自己要去哪里。他们都是出色的海洋冒险家，能借助对夜空繁星的充分了解航行，并会结合海洋潮汐受陆地影响发生偏转的程度，来确定视线以外的岛屿的方位。最擅长利用这种技术的实践者会跃入水中，利用海水在阴囊上的流动情况来确定方向。所以说，波利尼西亚人利用"睾丸定向"（ball bearings）驾驶独木舟，比汽车利用滚珠轴承（ball bearings）传动早了足足 1 000 年。

有一种植物在到达美洲后，又被运回了波利尼西亚，这表明这条远洋运输线路是双向的。1769 年，当詹姆斯·库克（James Cook）船长首次考察太平洋时，他发现在自己造访过的所有波利尼西亚的岛屿上，包括遥远的新西兰在内，都种植着起源于南美洲的甘薯。最近，科学家对随库克航行的植物学家采集到的甘薯标本进行了 DNA 分析，证实植物学家在波利尼西亚发现的植物最早来自南美洲的厄瓜多尔和秘鲁地区。

不难想象，如果南美洲和波利尼西亚之间交通往来频繁的话，那么在人类的基因组中也应该有两地居民接触过的证据。自从拉帕努伊的波利尼西亚原住民被欧洲人"发现"以来，前者就由于疾病、侵略、奴役和流放等原因而大量死亡，不过在幸存的残余种群的基因组中，还保留着历史上快乐时光所留下的印记，当时来自南美的访客很受欢迎，并成为这个大家庭的一部分。

还是回到我们对动物驯化起源的探索中，对于哺乳动物来说，社会性行为似乎使一些物种更容易被驯化。像在野外群居的绵羊或者狗这样的社会性动物就很容易被驯化，而像鹿这样实行"一夫多妻"的动物则不容易被驯化。最早被驯化的动物是从灰狼进化而来的狗，它们至少在1.5 万年前就成为我们狩猎其他动物时的同伴，不过也有人提出，狗与人类之间的联系至少已经持续了 3 万年。狗似乎会跟随并服从它们的人类驯犬员，把对方当作狼群的首领一般。你只需要看看牧羊人是如何指挥牧羊犬赶拢绵羊的，就能理解这两种动物的社会性行为在牧羊中的重要性。利用狗来管理羊群只是体现我们如何为了达到自己的目的而利用现有进化关系的又一例证。

大概早在 1.1 万年前，绵羊就在西南亚地区完成了驯化，并且如海浪般一波一波地从那里向四面八方扩散。在5 700年前，起源于西南亚地区的绵羊最远已经到达了中国北部。现在，全世界的绵羊数量超过10亿只。无论绵羊在哪里停留，都会被饲养，然后逐渐适应当地的环境，所以目前有大约1 500个不同的绵羊品种。而在绵羊位于西南亚的故乡，它们也在不停地进化。绵羊能够积累大量的脂肪，在完成驯化和第一波扩散几千年之后，西南亚地区的农民培育出了尾巴特别肥大的绵羊品种，由此开始了新一轮的扩散。希腊历史学家希罗多德（约公元前484年—前425年）曾写道，在阿拉伯地区，一些绵羊的尾巴太大了，以至于牧羊人得把木制的小推车套在它们身上，这样绵羊就可以拖着尾巴到处走，而不会弄伤尾巴。这种绵羊尾巴里的脂肪在中东和伊朗是一种烹饪时常用的传热介质。绵羊的尾巴在被剪短了之后，还可以部分再生。

直到不久前，野猪（*Sus scrofa*）和野牛（或者叫原牛，*Bos primigenius*）的分布范围才覆盖了由西到东的整个欧亚大陆，在如此广阔的地理范围内，许多群体都有机会驯化它们。在西南亚地区的约旦河上游河谷，有一个新石器时代的聚落，人们在这里发现了从猎杀野牛和野猪到开始饲养它们的过渡阶段留下的痕迹，在距今8 000年至9 000年之间，家养动物特有的骨骼沉积物变得越来越常见，而同一物种的野生种群的骨骼沉积物却变得越来越罕见。

到了距今8 000年的时候，牛和猪在西南亚地区都已经被完全驯化了，但是从这两种动物的基因来看，它们在此后的经历截然不同。就牛来说，我们在对活体动物进行基因分析后发现，野牛被驯化了三次：一次在西南亚地区，很有可能是在叙利亚；一次在印度河流域，在那里野牛被驯化成一种以隆起的肌肉为特点的瘤牛；还有一次是在非洲。

在不久前的古罗马时代，原牛在欧洲是一种很常见的野生动物，但欧洲所有品种的牛都来自在西南亚地区被驯养的祖先，而不是欧洲当地的原牛种群。人类遗传学研究表明，农耕本身就是随着西南亚地区种植者的迁移而扩展到西欧，所以这些种植者似乎也把自己的牛带到了那里。种植者、农耕和牛，作为一个整体传播到了欧洲。

与此形成鲜明对比的是，牛和其他家畜在新月沃土地区的扩散并不是通过人类迁移完成的。尽管动物从一个农耕聚落扩散到了另一个农耕聚落，但遗传学告诉我们，人类还留在原地。事实上，从伊朗扎格罗斯山脉发现的距今 9 000 年的遗骸中提取到的基因组序列表明，当时新石器时代的种植者，在如今生活在伊朗的琐罗亚斯德教徒身上留下了遗传印记。这种"不爱出门"的生活习性在新月沃土地区非常普遍。尽管安纳托利亚、地中海东部地区（以色列和约旦），以及扎格罗斯山脉的第一批种植者会进行贸易往来，还分享耕种方法、牲畜和农作物，但他们并没有血缘关系。

在非洲，野牛是第一批被驯养的动物。之后，它们与来自西南亚地区和印度的牛进行杂交，产生出适应当地环境的品种。在西南亚地区，驯化后的牛在谷物完成驯化后就融入了定居农业当中，而在撒哈拉以南的非洲地区，情况则完全不同，在当地第一批本土作物被驯化数千年之前，牛已经成为游牧民族生活的基础。在许多非洲地区的文化中，牛仍然拥有至高无上的经济和社会地位，而一个人的价值往往取决于他所拥有牛的数量。

野猪的祖先最早起源于东南亚的岛屿上，如今在那里仍能找到鹿豚

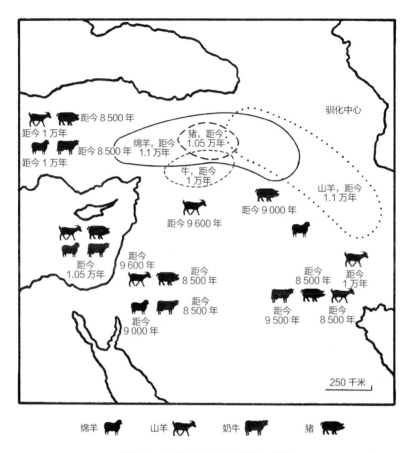

地图6　新月沃土家畜的驯化及扩散

和其他野猪。从整个猪科来看，野猪就是儿歌里那只去市场的小猪①，向西扩散到欧亚大陆，比我们人类从非洲到达那里还要早数百万年。后来，无论人类和猪在哪里相遇，都会建立起某种联系。人和猪之间的关

---

① 《去市场的小猪》（*This Little Pig Went to Market*）是经典英语儿歌。——译者注

系几乎可以和人狗之间的关系一样亲密，但不可否认的是，前者并不像后者那样普遍存在。狗和猪都是食腐动物，这可能是它们与我们人类关系密切的基础，也是它们各自被驯化的途径。这种亲密关系塑造了猪的进化历史，事实上猪不像绵羊那样只被驯化了一次，甚至不像牛那样被驯化了三次，而是至少被驯化了6~7次。

在西欧，与具有西南亚血统的家养牛不同的是，这个地区的猪是从欧洲本土的野猪驯化而来的。类似地，在地中海地区的撒丁岛和科西嘉岛上，猪也是分别由当地的野猪独立驯化而来，而在中国至少被驯化过两次，在缅甸和马来西亚也是一样。新几内亚的野猪很可能是由波利尼西亚人用独木舟运到那里的家猪产生的野生后代。而被波利尼西亚人带到太平洋上一些最偏远的岛屿（如夏威夷）上的猪，可能最早来自越南。

奇怪的是，在一个地方，我们并没有在现代家猪身上发现当地野猪的基因，这个地方就是西南亚地区，也就是其他许多家养动植物的发源地。这一点非常奇怪，因为我们从考古学记录中了解到，在新石器时代，西南亚地区的猪被猎杀，后来又被驯化，但出于某种原因，现代家猪的基因没有表现出任何与这一地区的关联性，其原因可能与历史和文化因素有关。

尽管社会性行为让猪、绵羊和牛这样顺从的动物更容易被驯化，但也让其他动物变得难以驯服。像鹿和羚羊这样有领地意识的动物就从来没有被驯化过，这就是为什么山瞪羚虽然是人们最喜欢的狩猎对象，却从来没有在新石器时代的农家场院中出现过。同样地，马鹿在欧洲已经被猎杀了5万年，但从来没有真正意义上地被饲养过，因为它们有领地意识，并存在发情期，在发情期间，雄性会通过互相搏斗来争夺配偶，这使得它们很难管理。驯鹿是个例外，因为它们是唯一一种没有领地意识的鹿，而且已经被生活在拉普兰的萨米族人和俄罗斯西伯利亚的涅涅茨人驯化过两次了。萨米族人和涅涅茨人都是游牧民族，跟随着他们的驯鹿群在苔原上一边游荡，一边寻找食物。这种关系几乎可以说是一种共生关系，就像人和狗之间的关系一样，只不过方向是相反的，因为一个是人类跟随驯鹿群，而另一个是狗跟随人类。

在《动物和植物在家养下的变异》中，达尔文进行了一次百科全书式的调查，分析了家养牲畜与它们推定的野生祖先之间有怎样的不同，并揭示出一种惊人的规律性，而很长一段时间以来，他和其他任何人都无法令人信服地解释这一规律。达尔文观察到，各种各样完全不相关的家养动物，包括狗、猪、牛、兔子、豚鼠和马在内，都有朝着一些共同性状发展的趋势。达尔文注意到，和野生动物相比，家养动物在繁殖上的季节性要稍弱一些，而且通常会由于身体的某些部分缺少色素沉着而形成花斑状的皮毛，有着下垂的耳朵、较短的口鼻、较小的牙齿、较小的脑部以及卷曲的尾巴，行为也更加幼稚和温顺。这些趋同特征现在被称为驯化综合征，人们花了近一个半世纪的时间，才给出了一个貌似合理的解释，为什么驯化要创造出这样一组看似繁杂，而且可重复的进化变化。

进化变化往往是由于选择而产生的，当它导致不相关的动物之间产生趋同时，最简单的解释就是，在不同的情况下，选择的动机一定是相同的。这个解释对于驯化综合征中的某些性状是说得通的，但并非对所有性状都是如此。对任何家养动物来说，温顺显然是一种令人满意的性状，而且大多数驯养者会有意或无意地做出偏向这种特性的选择，因此温顺成为驯化综合征的一部分也就一点儿也不奇怪了。道格拉斯·亚当斯（Douglas Adams）在他的小说《宇宙尽头的餐馆》（*The Restaurant at the End of the Universe*）中，想象出这样一个在餐馆里发生的场景，服务员问："你想见见今天的菜吗？"

> 一头巨大的乳畜向着赞法德·毕博布鲁克斯（Zaphod Beeblebrox）的桌子走来，旁边还有一只像牛一般体形庞大、浑身是肉的四足动物，它有水汪汪的大眼睛、很小的角，嘴角挂着似乎是在讨好的微笑。"晚上好，"它发出如牛叫般低沉的声音，一屁股重重地坐在地上，说道，"我是今天的主菜。我能向你介绍一下我身体的各个部位吗？"

阿瑟·邓特（Arthur Dent）是一个远离家乡的地球人，他惊恐地躲闪着，点了一份蔬菜沙拉，这让今天的"主菜"非常反感。阿瑟问："难道你想说，我不应该吃蔬菜沙拉吗？"那只四足动物回答道：

> "我知道很多蔬菜确实不希望被人吃掉，这就是为什么人们最终决定要彻底解决这个纠结的问题，培育出一种真正想被吃掉并且能够清楚明确地表达这一意愿的动物。所以就有了我。"它边说边微微欠身，鞠了一躬。

这是虚构的情节，仅此而已。家养动物在被饲养的过程中变得顺从，即使它们还无法像小说里那样亲口告诉我们。但为什么它们还会有下垂的耳朵和卷曲的尾巴呢？为什么包括花斑状色素沉着在内的驯化综合征会如此明显地出现在像牛、狗、豚鼠，甚至还有锦鲤这样亲缘关系极远的动物身上呢？由于直接选择看起来不太可能在这些不相干的动物和性状进化中同时发挥作用，所以肯定还有另一种解释。会不会有一些共同的遗传方面的潜在原因把所有这些性状联系在一起，比方说在以温顺这一性状为目标的人工选择过程中，毛色以及驯化综合征中的所有其他性状也会在某种程度上受到影响？尽管这听起来有些牵强，但有实验证据表明这可能是正确的。

20世纪50年代，一位名叫德米特里·贝尔耶夫（Dmitry Belyaev）的苏联动物繁育员着手进行了一项实验，他想知道如果人完全是根据动物是否温顺来进行选择性繁殖，那么在西伯利亚银狐（在此之前还未被驯化）身上是否会出现所有的驯化综合征。在实验刚开始的时候，几乎所有的狐狸在实验者走过来喂食的时候，都表现出攻击性或者恐惧。对实验者表现出的恐惧或攻击性最弱的一小部分个体被用来繁育新一代，这个过程在随后的几十年里被重复了很多次。仅仅经过三代之后，就没有狐狸幼崽会在被喂食的时候表现出攻击性行为，甚至有些幼崽还开始像家狗一样摇尾巴。在经过8~10代以温顺为目标的选择后，就开始出现皮毛带有图案、耳朵下垂和尾巴卷曲的狐狸幼崽。在50多年的时间里，经过30多代的驯化，整个实验组的银狐都表现得像狗一样友好，同时呈现出驯化综合征的解剖和生理特征。这个实验证明，所有的驯化综合征确实都起因于对温顺行为的选择过程，但过程是怎样的呢？

现在，还有一些俄罗斯的科学家在继续进行贝尔耶夫发起的这项研究，他们认为驯化综合征的所有性状一定都由基因开关构成的单一网络来控制。这就像一位躁狂的车夫控制着十几匹野马，既要设法让所有的驯化性状相互协调，还要让它们朝着相同的方向发展。如果真有这样的控制机制存在，暂时还没有人找到它。不过，有三位科学家最近又提出了另外一种解释，其中就包括烹饪假说的创始人理查德·兰厄姆。

这三位科学家推测，驯化综合征的所有性状不是由一个基因总开关控制的，而是与胚胎发育中一个常见步骤有关。在脊椎动物胚胎发育的过程中，驯化综合征的所有性状都直接或间接地依赖于一种细胞，而这种细胞只能从神经嵴中获得。神经嵴沿着发育中的胚胎的脊柱从头延伸至尾，其中包含的干细胞能为大脑的构建或者其构建的过程提供原材料，也能为合成皮肤色素的细胞、影响攻击性行为的肾上腺和其他与驯化综合征有关的细胞和器官提供原材料。

神经嵴假说认为，由于肾上腺控制着攻击性，所以驯化过程中被选择的那些攻击性较弱的动物，都属于种群中在基因影响下肾上腺比较小的个体。控制肾上腺大小，进而左右攻击性的基因只能通过对神经嵴中的细胞数量施加影响来间接地发挥作用。因此，根据这一假说，当驯养者挑选出更温顺的动物时，实际上是选择了神经嵴中的细胞数量存在遗传缺陷的个体。正是对神经嵴细胞的这种依赖性将驯化综合征的所有性状联系在了一起，并使它们作为一个整体参与进化。

科学家认为神经嵴细胞的数量是由许多基因控制的，每个基因的影响都很小，也许这就是为什么我们一直没有找到控制驯化综合征的单一主要控制基因，因为并非只有一个基因开关。如果神经嵴假说是正确的，这意味着大多数在驯化过程中发生的变化，比如卷曲的尾巴、花斑状的皮毛和下垂的耳朵，都是伴随着主要事件产生的副产品，而主要事件就是对于温顺行为的选择。虽然现在判断这个观点是否正确还为时过早，但自从1868年达尔文第一次撰写有关驯化的著作以来，还没有任何一种假说能如此巧妙地解释这种综合征存在的原因。

谁能想到，在我们吃的肉里竟有这么多值得玩味的进化问题。让我来回顾和总结一下。我们食肉的习性比人类物种，甚至人属的出现还要早。我们有寄生虫和化石的证据来证明这一点。不过，在奥哈洛二号发现的植物遗骸非常清楚地表明，末次冰盛期的古代狩猎采集者并不仅仅靠食肉为生。事实上，今天的狩猎采集者也不是以这种方式生活的。尽管如此，随着人口的增长，也许是由于野生肉类供应有可能要被耗尽，或许还有在气候变化产生的影响下，生活在西南亚地区、中国和其他地方的人类不得不开始种植农作物和驯养动物。

今天，农场就是一个动物园，聚集了来自世界各地的家养动物。我们带着它们迁移，挤它们的奶，同时从根本上改变它们，以至于出现了驯化综合征，使猪和狗这样完全不同的动物展示出一致的花斑状皮毛和下垂的耳朵，而这些正是人类改造后留下的烙印。尽管驯化综合征具有统一性，但在农场和花园中种植的植物多样性却在大幅提升，因为多样化无疑才是人类对饮食的追求。最能证明这一点的例子就藏在我们所吃的各种蔬菜中。

配菜 1

蔬菜——多样化

尽管我们的类人猿祖先是素食者，但我们现在食用的植物种类要比它们以往任何时候获得的都要多。目前有超过 4 000 种不同的植物作为食物或调味品食用，尽管它们中的大多数都进化出了抵御植食者的有毒化学物质。有句谚语说"甲之珍馐，乙之砒霜"（one man's meat is another man's poison），也许更准确的说法应该是"甲之蔬菜，乙之砒霜"（one man's vegetable is another man's poison）。新鲜的肉基本上对任何人来说都是无毒的，但蔬菜（至少是在野外生长的蔬菜）几乎总是有毒。尽管我们没有像大猩猩或黑猩猩那样大容积的消化道，但有两项技术使得我们饮食中各种各样的植物都变得可食用了，这就是烹饪和植物驯化。

　　烹饪不仅可以使坚硬的食物变得松软，还能使食物的毒性降到可以承受的程度。例如，菜豆中含有有毒的凝集素，在大自然中可以保护种子免受昆虫和真菌的侵袭。用沸水煮能破坏菜豆中的凝集素。不过，如果烹饪的温度过低，比如在没有达到沸点的慢炖锅里，虽然豆荚还是可以变软，但凝集素却没有因此失去活性，最后还是会致人中毒。对于菜豆的驯化已经创造出了各类品种，比如海军豆、斑豆、大黑花芸豆等，而且其中一些品种所含的凝集素已经达不到致毒量了。

野生植物有适应其生存环境和需要的特性，而我们则要通过驯化来颠覆这些特性，从而达到我们自己的目的。例如，野生马铃薯的块茎很小，只有一颗李子甚至一粒豌豆那么大，长在长达一米或更长的匍匐茎上，分散在植株周围。显然在野生马铃薯中，自然选择更偏爱向四处散开的植物，因此植物中的能量就会被用来生长出较长的匍匐茎，而不是较大的块茎。通过人工选择，我们已经彻底改变了这种情况，以满足我们自己的需要，所以我们种植的马铃薯品种匍匐茎很短，块茎很大，而且就在植株下方，这样我们就能很容易地把它们挖出来。

和创造出惊人的生物多样性的自然选择一样，人工选择也可以仅仅利用可遗传变异这一原材料来创造奇迹。不妨想想在欧洲北部海岸附近发现的一种如杂草般似乎不能食用的野生卷心菜，是如何被植物育种家培育成功的。从这个毫无希望的起点开始，那些没有留下姓名的园艺师经过几个世纪的选择育种，在对基因或者进化一无所知的情况下，培育出了花菜（根据马克·吐温的说法，"花菜只不过是受过大学教育的卷心菜"）、青花菜、抱子甘蓝、球茎甘蓝和羽衣甘蓝，更不必说那些菜头又大又紧实的甘蓝了。在法国布列塔尼海岸附近的海峡群岛，有人甚至培育出一种模样奇特的甘蓝，它的茎高而结实，完全可以做成一根很好的手杖，而在以前人们正是出于这一目的才种植这种甘蓝的。

自然选择和人工选择所产生的效果都是渐进式的，不过后者实现改变的速度要快得多。栽培番茄的野生祖先是被鸟类四处散播的小浆果，不过目前最大的栽培品种（如牛番茄）要比其祖先的尺寸大很多。在巴尔的摩，一位被称为汉德（Hand）博士的业余种植者在番茄的大小和品质上都取得了巨大的飞跃，他大约在1850年开始了一项杂交和选育的项目，并在20多年之后培育出一种肉质饱满、风味绝佳的大番茄，叫作"特罗菲"（Trophy，意为战利品）。尽管遗传学对于19世纪的育种者来说是无法理解的天书，但多亏了遗传学让现在的我们从原理上知道了"特罗菲"和其他的传统品种是如何被培育出来的。

为番茄的驯化和改良提供原材料的遗传变异早在其被人类利用之前就存在于野生种群。最早的驯化事件和随后在多地之间的运输使番茄至少经历了三次遗传瓶颈，而且每次只有少部分番茄能成功渡过难关。墨西哥的第一批栽培番茄仅包含野生种群中的一小部分遗传变异。随后在16世纪，当番茄从墨西哥被带到欧洲时，完成这次航行的品种更是少之又少，而在欧洲品种被运回美洲时，这样的减损还在继续。三次遗传瓶颈使得栽培品种中的遗传变异减少到不足野生品种的5%，但即便如此，这一小部分变异也为人工选择造就的惊人改变提供了充足的原材料。

在对番茄基因组进行分析后，人们发现只有少数几个基因与汉德博士培育的新品种有关。他实际上是重新组合了植物种内现有的遗传变异，或者就像19世纪的某个人所说的那样，汉德博士成功地将大半个畸形的大番茄放进了一个光滑圆润的小番茄的皮里，"然后，通过精心选育，番茄的大小和内容物的硬度就会逐年增加"。驯化往往是通过对能够调节其他基因的单基因进行选择，从而给农作物带来巨大的变化。调节基因就像管弦乐队的指挥，决定着很多演奏者演奏的速度和节拍。对于人工选择来说，通过指挥来影响由基因组成的整个乐团要比分别对每个演奏者进行调整要容易得多。

1870年，"特罗菲"番茄一经问世就成为畅销商品，每袋20粒装的种子可以卖到5美元，相当于今天卖100美元一袋，也就是每粒种子5美元。很快，一位贩卖种子的苗圃主华林（Waring）上校就大赚了一笔。如果有人给他送来2.5磅或者更重的"特罗菲"番茄，他会按每颗5美元的标准奖励对方；如果有人送来的番茄是所有"特罗菲"中最大最好的，他会奖励100美元。之后他会买下优胜者收获的全部番茄，当作种子进行转售。这实际上就是通过众包使得种植者培育出最好的种子，如此高明的营销策略使得"特罗菲"番茄像野火一样迅速传播开来。不过，进化是不会停滞不前的，特别是在狂热的种植者手中更是如此，"特罗菲"番茄被不停地选育和杂交，以至于20年之内，种子供应商都在抱怨他们再也找不到原始品种的种子了。"特罗菲"番茄留下的基因遗产就藏在由它产生的几百个新品种当中。

在现代商业育种开始之前出现的各种各样的原生品种，主要是为了当地的环境，还有像汉德博士这样有另类喜好的番茄种植者。尽管野生番茄大约有十几种，但栽培番茄的祖先（*Solanum lycopersicon*）是唯一被驯化过的品种，而且这个驯化过程似乎只发生过一次。野生番茄原产于安第斯山脉，尽管生活在那里的原住民是令人惊叹的植物驯化者，但却始终对番茄视而不见。事实上，野生番茄可能是作为杂草一路向北传播，然后被墨西哥的玛雅人驯化。直到今天在墨西哥，只有樱桃大小的野生番茄仍然是一种受欢迎的杂草。尽管不是人为播种，但当它们自然而然地从地里冒出来的时候，就会受到种植者的保护，因为它们能结出有香味的微型果实。这种做法可能就是驯化的起点。虽然我们并不知道番茄驯化开始的时间，但到了16世纪，西班牙牧师贝尔纳迪诺·德萨阿贡（Bernardino de Sahagún）就在特诺奇蒂特兰城（今墨西哥市）阿兹特克人的集市上看到了各种各样的tomatl（即纳瓦特尔语的番茄）："……大番茄、小番茄、带叶番茄、甜番茄、很大的蛇番茄和乳头形状的番茄"，从最亮的红色到最暗的黄色，各种颜色的番茄都有。阿兹特克人还嘲弄西班牙的入侵者们，说他们最终会被做成一盘番茄炒辣椒。

地理因素也增加了蔬菜的多样性。由于种植者会根据蔬菜是否适应当地的环境和他们自己是否喜欢来进行选择，所以就产生了新的地方品种。这些品种的特性往往从它们的名字中就能一目了然，因为这些名字能让人联想到种植者的个性和偏好，以及这些品种最早被种植的地方。"金妮阿姨的深粉色番茄"（Aunt Ginny's Purple）是一种果实很大的粉色番茄，来自德国，根据标价出售这种番茄的网站说，印第安纳波利斯的一个家庭已经成功种植该品种超过25年。在同一个销售原生品种番茄的网站上，还有格蒂阿姨（Aunt Gertie）和露比阿姨（Aunt Ruby）培育的品种，以及埃塞尔·沃特金（Ethel Watkin）培育的"最佳番茄"（Best）、约翰·洛萨索（John Lossaso）培育的"低酸红宝石番茄"（Low Acid Ruby），还有来自利文斯顿的金球番茄（Gold Ball）、田纳西州中部的低酸番茄（Low Acid）和密苏里州的粉红番茄（Pink Love Apple）。每种常见的水果和蔬菜都有许多名字很有诗意的品种，体现了人类的聪明才智、植物多样性与地域的融合。

安第斯山脉和墨西哥分别是野生番茄起源和被驯化的地方，它们也是许多新作物进化的重要地区。安第斯山脉是世界上第二高的山脉，平均海拔超过3 000米。在秘鲁，安第斯山脉东侧从高到低依次是高山地带、云雾森林和亚马孙盆地的低地雨林，而西侧山麓则是沿海沙漠。较高的海拔、陡峭的山坡以及极高的温度和降雨量似乎对于人类的居住或者作物的驯化来说，并不是理想环境，但旨在增强天然植物多样性的人工选择却获得了出乎意料的成功。1535年，当西班牙人攻占秘鲁的时候，当地在种植的作物至少已经有70种了，远远超过新月沃土地区或者亚洲的任何一个驯化中心。

在人类从非洲向世界各地大规模迁徙的过程中，第一批进入北美洲的人类，很可能是在约1.6万到1.7万年前海岸线附近的冰消失后不久，从亚洲出发，沿着白令陆桥的沿海地带踏上美洲大陆的。在大陆桥开通的2 000年里，经由太平洋沿岸迁徙的旅行者们一路到达了南美洲。尽管在末次冰期结束的时候，他们途中经过的大部分海岸线地带都被上升的海水淹没了，但在稍远的内陆地区，人们却发现了很多沿海聚落的遗迹。

在这些聚落中，最早的一处位于智利中南部的蒙特维德。在1.46万年前就有人居住在这里了，在这个聚落首次被发现的时候，有些考古学家对这个年代产生了怀疑，因为这不符合当时大家公认的北美洲直到1.1万年前才有人定居的观点。根据在蒙特维德发现的遗骸，我们了解到当地居民觅食的范围非常广泛，从海边一直延伸到山腰，而狩猎的目标是一种现在已经灭绝的像大象一样的哺乳动物——嵌齿象，以及同样已经消失的美洲驼。居民们还会采集海藻作为食物和药物（直到今天，这个地区的人们还在这样做），他们总共采集了约50种植物，其中就包括发现时被储存在一个地坑中的野生马铃薯（*Solanum maglia*）。由于野生马铃薯生长的地区要比蒙特维德高很多，所以它们肯定是从很远的地方被运来或者买来的。

在人类到达美洲2 000年之后，生活在南美洲太平洋沿岸的人们，逐渐从我们在蒙特维德看到的那种以狩猎采集为生的生活方式，转变为一种相对更稳定的模式，他们变得更加依赖园艺。从秘鲁北部的海岸平原和安第斯山脉西侧山麓丘陵地区已经发掘的近600个遗址中，都可以通过考古记录清晰地看出这种变化。

从一处考古遗址中找到的南瓜（*Cucurbita moschata*）种子表明，这是该地区种植的第一种蔬菜，时间大约距今1.05万年。尽管这些种子有可能属于一种野生南瓜，但野生品种的瓜肉往往很苦，无法食用，所以它们更有可能来自某个驯化后的品种。最早的能直接体现安第斯山脉居民饮食习惯的证据，是在他们的牙结石中被发现的距今8 000年的淀粉颗粒。当时，在秘鲁安第斯山脉西侧山坡下部的南查克山谷中有很多小的聚落，这里的人们以花生、南瓜、豆类和木薯根为食。除了我们猜想的当时已经被驯化的南瓜以外，这些植物都不是当地野生的，因此也一定是被种植的。不过，在这里发现的花生很小，和野生的品种很像，这表明该物种被驯化的时间还不长。一般来说，在人工选择下，像花生、玉米、向日葵、豌豆和蚕豆这些栽培植物的种子，会随着时间推移而变得越来越大。

在山谷聚落的植物遗骸中，还发现了在安第斯高原被驯化的一种重要的谷类作物藜麦，还有原产于厄瓜多尔和秘鲁西北部沿海平原的棉花。根据牙结石分析的结果，南查克居民在食用栽培植物的同时，也会补充一些收集到的野生植物，其中常见的有巴喀豆（*Inga feuillei*），这种树上能结出很大的可食用豆荚，里面有甜的白色果肉。并不是所有树上结的果实都含有淀粉，而在那些含淀粉的果实中，有些所含的淀粉粒不够独特，因此我们无法根据淀粉粒判断它们来自哪个物种，也就是说牙结石并不能提供饮食中包含的完整的植物清单。除了牙结石分析结果告诉我们肯定被食用过的那些植物之外，还有其他一些我们知道的植物，它们后来才被培育，从那时起南查克山谷的居民一直在种植并食用。这其中包括一些被驯化后的树果，如刺果番荔枝、番荔枝、番石榴、奎东茄和羽扇豆。

考古学家该有多么庆幸，我们祖先都有糟糕的口腔卫生和邋遢的厨房习惯！如果没有牙结石和被踩进古代聚落地面里的植物体碎屑，我们就不会知道，8 000年前南查克山谷中的种植者们享受着多样而均衡的饮食，种植着来自南美洲各个地方的植物——来自南部热带地区的花生、来自西北部干旱地区的棉花、来自亚马孙地区的木薯，以及来自安第斯山脉的藜麦。透过这份跨越整个美洲的食谱，我们能看出两种深层次的非凡的意义。所有这些作物都聚集在这个山谷中，这就意味着，它们在一段时间之前，一定已经在不同的原产地被驯化了。而这一点又告诉我们，园艺在南美洲的普及和农业在新月沃土地区的诞生差不多发生在同一时期。

有一种植物却因没有出现在南查克山谷的食谱上而格外引人注目，这就是所有生活在秘鲁以外地区的人都很熟悉的秘鲁蔬菜——马铃薯。南查克山谷的居民之所以没有种植马铃薯，可以肯定是因为这种植物更适合在安第斯山脉高海拔地区更凉爽的气候下生长。事实上，马铃薯适应湿冷气候的能力是它在被带到北欧之后大获成功的关键。如今，它是世界上位列第四的重要主食，仅次于玉米、小麦和大米这些谷物。

在世界各地被种植的马铃薯（*Solanum tuberosum*）都属于一个被驯化的物种，它起源于秘鲁和玻利维亚交界处的的喀喀湖附近的安第斯高地上的野生马铃薯（*Solanum candolleanum*）。不过，在安第斯山脉地区的山谷和山区中，还有100多个不同的野生马铃薯品种。这种本土多样性是山区的典型特征，因为在进化过程中，这里复杂多变的环境使得物种完成了局部适应。在每个山谷中，都有很多海拔和地貌不同的小气候。土壤的含水量也各不相同，有的干旱，有的湿软，而所有这些差异结合在一起，就形成了许多独特的区域，在自然选择的作用下，物种会对局部的环境产生适应性，从而使一个地方的种群与另一个地方的种群产生差异。传粉昆虫无法轻易跨越高耸的山脊，因此深谷中相互隔绝的植物种群在不受干扰的情况下，经过数百万年的时间，就会分化成不同的物种。

在107个野生马铃薯品种中，安第斯山脉地区的原住民并不是只驯化了一种，而是至少4种，据估计，现在南美洲当地的农民仍然在种植的马铃薯地方品种约有3 000个。在4个被驯化的品种中，有一种马铃薯（*Solanum hydrothermicum*）来自其他马铃薯几乎无法生长的干旱气候中。如果在世界上其他干旱的地区种植这种马铃薯的话，一定会有不错的收益。还有一种马铃薯（*Solanum ajanhuiri*）被种植在的的喀喀湖附近海拔3 800~4 100米的地方，这里的环境极其寒冷，并且风很大，在普通的马铃薯收成不好的年份里，该品种的产量依然很稳定。

野生马铃薯能提供很多非常有用的基因，从而使被驯化的马铃薯拥有抵抗许多天敌的能力。来自安第斯山脉相对炎热干燥地区的物种往往对叶甲的抵抗力比较强，而来自凉爽或潮湿地区的物种对蚜虫的抵抗力要更强一些。有一种野生马铃薯（*Solanum berthaultii*）的叶子在昆虫走过时会变得和捕蝇纸一样黏，这是因为被昆虫折断的叶毛释放出了树脂质的胶水。还有野生马铃薯有抗晚疫病的基因。晚疫病是一种由马铃薯晚疫病菌（*Phytophthora infestans*）引起的类真菌性病害，正是这种病原体，再加上贫穷和人口过剩，导致了19世纪40年代爱尔兰的马铃薯饥荒，在这场饥荒中，有100万人死亡，超过百万人逃离爱尔兰。马铃薯晚疫病菌对于现代的杀菌剂已经产生了抗药性，所以晚疫病仍继续威胁着全世界的马铃薯、番茄和茄科其他植物的产量。

像大多数蔬菜的祖先一样，野生马铃薯也是有毒的，因此它们的驯化过程既包括为降低毒性而进行的选育，也包含为使其更易食用而进行的加工方法改进。普通的无毒马铃薯在光照条件下会产生毒性，这是因为光会触发一种名叫糖苷生物碱的苦味毒素的产生。幸运的是，暴露在光照下的马铃薯皮会在叶绿素的作用下变成绿色，起到警示作用，因此对于这样的马铃薯，人类可以很容易地避开，或者削去有毒的部分。

在秘鲁，只有苦味的马铃薯才能生长在海拔 4 000 米及以上的地区，而它们通常会被加工成一种无苦味的冻干产品——冻干马铃薯（chuño）。为了去除毒素，苦味马铃薯首先会连续几天被放在夜间温度接近冰点的环境中，然后在一个水坑或者河床中浸泡一个月，从而滤去糖苷生物碱。之后，花一夜的时间进行冷冻干燥，接着用脚踩踏，挤出水分，最后铺在地上，在阳光下晒 10~15 天。用这种方式制成的冻干马铃薯在被人需要之前，可以无限期地存放。

印加人在他们的仓库里储存了足够多的冻干马铃薯和干腌肉，可以供整个种群食用 3~7 年，所以尽管这里气候多变，并且不可避免地会发生自然灾害，但这些储备却为印加帝国及其军队提供了良好的食物保障。如今当农作物歉收时，秘鲁的高原居民仍然依靠冻干马铃薯渡过难关。印加帝国沿着安第斯山脉，从哥伦比亚南部一直延伸到 4 000 千米以外的智利圣地亚哥。印加人在约公元 1400 年开始执政的时候，印加帝国正是建立在他们在安第斯山脉地区征服的各个民族在数千年间所创造的园艺成就的基础之上。

印加人清楚地知道，食物就是力量，而太阳是食物的最终来源。王朝的缔造者曼科·卡帕克（Manco Cápac）曾宣称他的父亲就是太阳，母亲是月亮。他还利用安第斯山脉地区的农业生产所提供的剩余农产品供养了一批石匠，并命令这些人在他的首都库斯科建造一座太阳神庙。当西班牙人到达这里时，发现了一堵由相扣在一起的巨石砌成的高墙，外侧装饰有纯金制成的饰带，墙上还有一个镀金的出入口。在神庙里面，有一个专门用来供奉太阳的庭院，其中有与实物一样高的银质玉米秆，上面还有金质的玉米棒。地上到处是散落的金块，大小和形状都很像土豆。

印加人利用他们的管理才能和无上权力，有目的地在整个帝国中推广农业技术和栽培植物。如果发生反对他们统治的地方叛乱，印加人会强制将成千上万的人，连同他们贮存在当地的作物，一起迁移到臣民效忠君主的新地方。印加人认识到农作物需要在特定的环境才能生长，所以他们选择的新地方都能够使背井离乡的人们在与他们原住地环境相类似的条件下，种植他们熟悉的作物。

印加帝国的安辑政策使得农作物传播到了帝国的各个角落。多种栽培蔬菜既满足了食物供应，也让印加帝国本身具有了一定的适应能力，而这正是19世纪仅仅依赖土豆的爱尔兰所缺少的。除了在安第斯山脉地区被种植的4个栽培马铃薯品种之外，还有近20种根菜类农作物被驯化，这其中的很多作物不为秘鲁以外地区的人所知，但直到现在，还有当地的农民在种植它们。块茎酢浆草（*Oxalis tuberosa*）是一种特别耐寒的植物，它们皱巴巴的短粗块茎是生活在秘鲁和玻利维亚海拔3 000米以上地区的农民的一种重要的主食。块茎酢浆草的块茎呈现出鲜艳的红色、粉红色、黄色和紫色，和秘鲁的其他几种蔬菜一样，有苦味品种和甜味品种。甜味的块茎既可以生吃又可以煮熟吃，脱去水分后吃起来像无花果。它们还被用作甜味剂，不过在被西班牙人攻占后不久，原产于新几内亚的驯化甘蔗就进入了南美洲。苦味块茎经过冷冻和干燥，可以像冻干马铃薯那样被储存和食用。

在如今安第斯山脉地区的市场上，还可以找到一种耐寒的块茎作物，叫作块茎藜（*Ullucus tuberosus*），它们的块茎包裹着各种颜色的蜡质表皮，甚至还有一个带有彩条花纹的品种。温带气候地区的园艺工人都对两种花非常熟悉，那就是蕉藕（也叫姜芋，*Canna edulis*）和块茎旱金莲（也叫块茎金莲花，*Tropaeolum tuberosum*），这两种植物在它们的原产地秘鲁都是作为块茎类蔬菜种植的。为了控制虫害，农民们在种植块茎旱金莲的同时，会混合种植一些块茎藜、块茎酢浆草和苦味马铃薯。

南美洲的另一种具有块根的蔬菜的进化过程说明了为什么有些品种在被驯化时会保持毒性。木薯（*Manihot esculenta*）是一种耐旱作物，在亚马孙盆地的南部边缘被驯化，受季节性干旱气候的影响，那里的热带低地雨林被热带稀树草原所取代。木薯是大戟科中的一种木本灌木，能长出富含淀粉的大块根。它在热带气候中很容易生长，即使在缺乏养分且其他作物很难存活的酸性土壤中，它也能长得很好。尽管木薯起源于亚马孙雨林的边缘，但在哥伦布发现美洲大陆以前，生活在亚马孙盆地森林中的居民就已经在园子里大范围地种植这种作物了。

未经处理的块根在被挖出后几天内就会变质，但如果被埋在土里的话，就可以在长达2年的时间内保持可食用的状态，成为一种可靠的食物来源。如果你在商店里买木薯根，就会发现它的外面有一层具有防腐作用的蜡。木薯能在地下保存很久的一个主要原因是木薯中含有淀粉以及生氰糖苷。生氰糖苷这种分子在被一种叫作糖苷酶的酶分解后，会产生毒性很强的氰化物。当植物细胞由于咀嚼或碾压而受损时，糖苷酶就会被释放出来。这种化学武器和许多种类的植物毒素一样，只有在需要时才会被释放。生氰糖苷并不是一种木薯独有的物质，而是还存在于数千种其他植物中，其中包括常见的蕨菜和白三叶。苦杏仁的气味实际上就来自氰化物，在剂量很低的时候，这种气味是可以忍受的，甚至可以说是好闻的。不过，木薯是唯一一种氰化物含量已经达到致命剂量的粮食作物。

尽管木薯具有毒性，但却是8亿多人的主食。这种植物在400年前被引入非洲，当地人称它为"cassava"，撒哈拉以南的非洲地区近一半的人口都依靠木薯生活。为了让木薯根变得可以食用，必须要对其进行处理，去除氰化物。烘烤或用沸水煮非但不能清除这种蔬菜中的毒素，实际上还会使情况变得更加危险，因为热量只是破坏了植物自身的糖苷酶，而生氰糖苷却完好无损。如果把这样的木薯吃下去，生氰糖苷到达肠道时就会释放出氰化物，在那里，氰化物会与细菌产生的糖苷酶发生反应。亚马孙河流域的印第安人去除木薯毒性的方法是，把去皮后的块根磨碎，使氰化物溶解到植物的汁液中，然后用一个被称为"提皮提"（tipiti）的编织物套管用力挤压粉状物质，把汁液排干。最后在烤盘上烘烤木薯粉，去除残留的氰化物。

关于木薯，有一点很奇怪，它既有甜味的无毒品种，也有苦味的有毒品种，而且这两种木薯都起源于8 000年前被驯化的同一种野生植物。为什么在无毒的木薯品种可供食用，而苦味品种需要经过烦琐加工的情况下，农民还要种植有毒的品种呢？如果你去问农民这个问题，得到的理由与粮食安全的各个方面有关。苦味品种的产量比较高，块根受害虫的影响相对较小，也不容易被动物或者人偷走。虽然有时人们会同时种植甜味和苦味品种，但会把前者种在自己房子周围的园子里，从而对小偷起到警示作用，而苦味品种则可以放心地种植在更远的地方，也无须人看管。在一些不把木薯当作主食的地区，人们也会种植甜味品种，但只是作为一种不太重要的蔬菜，一旦收成不好或者被偷，就会被别的作物取代。

在野外，植物及其天敌之间的进化关系就像一场军备竞赛。一方面，植物经过不间断地选择过程，防御能力逐渐提高，另一方面，在敌人的阵营中，昆虫、真菌和其他植食者也在自然选择的作用下，不断攻克植物的防御以获得食物。这场持续不断的较量从远古时代就开始了。在伊利诺伊州的煤层中发现的化石表明，三亿年前，遍布整个沼泽林的桫椤遭到了攻击。那时的昆虫和现代的昆虫一样，不仅啃食叶片，还刺穿植物吸取汁液，甚至在活的根茎上钻孔。而且在当时已经有了能制造虫瘿的昆虫了，它们利用一个类似于皮下注射器的产卵管，将自己的卵注入植物组织中。这种行为，或者说卵的存在，会通过化学作用刺激周围的植物细胞增生形成一团瘤状物，从而形成虫瘿，这样里面的昆虫幼虫不但拥有了食物，还可以免受外部的攻击。

在进化史上，自然选择偶尔会与某种能带来优势的关键创新不期而遇，从而对物种的适应度（对后代有贡献的个体数量）产生显著的影响。这样的事件虽然罕见，但其结果却具有划时代的意义，因为在这个过程中，会产生大量从同一种有利创新中获益的新物种。如果你吃的东西中有刺山柑、萝卜、青花菜、甘蓝、豆瓣菜或芝麻菜，或者餐桌上有芥末、山葵和辣根当中的任何一种调味料，那么你的这顿饭就是得益于植物及其天敌间化学战争的一次关键创新，那就是硫代葡萄糖苷的进化。上面提到的所有食用植物都属于十字花目，而硫代葡萄糖苷几乎可以说是十字花目植物独有的一种代谢产物。

硫代葡萄糖苷和生氰糖苷一样，是另一个体现双组分化学防御的例子。事实上，植物产生硫代葡萄糖苷的生化途径与产生生氰糖苷的途径相似，而且很可能是从后者进化而来的。在植物中，硫代葡萄糖苷分子和一种叫作芥子酶的物质被储存在不同的区室中。当细胞受损时，两种化合物混合，酶与硫代葡萄糖苷分子反应释放出异硫氰酸酯，也就是芥子油。尽管这种物质对于许多昆虫、线虫、真菌和细菌来说是有毒的，但对哺乳动物来说有一定的抑制肿瘤作用，对人体健康也是很有益的。

十字花目是在 8 500 万到 9 000 万年前进化而来的，而且这些植物一定在某些敌人没有注意到的情况下，休养生息了一段时间。但在硫代葡萄糖苷出现后的一千万年内，一种生化解毒机制就在粉蝶当中进化出来了，从而使其幼虫可以在不受伤害的条件下以十字花目植物为食。食草动物阵营的这一关键创新触发了 1 000 多个蝴蝶新物种的蓬勃进化，因为那些昆虫在基因的作用下，可以享用此前一直成功防御的植物，昆虫会四处扩散，并在所有能找到的十字花目植物上安家。

这些新的蝴蝶组成了粉蝶亚科，也就是人们常说的"白色的那些"，其中最臭名昭著的成员菜粉蝶（*Pieris rapae*），是所有蔬菜种植者的头号公敌。这个物种在毛虫阶段对氰化物也有耐受性，这可能是粉蝶亚科的祖先留下的进化遗产，粉蝶亚科的蝴蝶在以十字花目植物为食之前，就已经开始食用含有氰化物的植物了。于是，在植物和天敌间的化学战争中，占优势的一方随着植物在防御方式上推陈出新和蝴蝶随之进化出新的解毒机制而不停地转换。

硫代葡萄糖苷是一类在化学上用途非常广泛的防御化合物，而且一直在不断地进化，特别是在十字花科植物中，而十字花科是迄今为止十字花目下最大的一个科，共有 3 700 个物种。拟南芥是十字花科中生命周期比较短的一种野生植物，人们对它的基因已经进行了非常深入的研究。在一项针对拟南芥的地理调查中，我们发现有一个能改变其硫代葡萄糖苷化学结构的基因有两个等位基因（或者说变体），两者的相对频率在欧洲从南到北的不同地方也是有差异的。同时，两种专门攻击十字花科植物的蚜虫出现的频率在地理分布上也有着类似的差异，因此研究者们打算检验硫代葡萄糖苷类型的改变是否是由自然选择导致的，从而使拟南芥的化学防御体系能够抵抗当地数量最多的蚜虫品种。

为了检验这一结论，他们设置了拟南芥的实验种群，其中所包含的两种硫代葡萄糖苷变体的比例为50：50，然后使不同的实验种群分别处于某一种蚜虫的影响之下，并持续5代。实验结束时，在遭遇不同蚜虫的种群之间，不同类型的硫代葡萄糖苷出现的频率有了差异。在连续5代受到北欧常见蚜虫影响的种群中，最终出现频率高的是在北欧常见的那种硫代葡萄糖苷，而在受到南部常见蚜虫影响的种群中，南部常见的那种硫代葡萄糖苷出现的频率就很高。这个实验结果有力地支持了"硫代葡萄糖苷的地理差异反映了对于地方常见天敌的适应性"这一假说。

有人将生物体及其天敌之间在进化过程中无止境的较量与刘易斯·卡罗尔的《爱丽丝镜中奇遇记》中红皇后的处境进行比较。在这个故事中，爱丽丝意识到，尽管她已经以最快的速度奔跑了，但在镜中世界里，她哪儿也去不了。后来，红皇后向爱丽丝解释道："嘿，你瞧，你必须拼命奔跑，才能留在原地。"而进化生物学中的红皇后假说就是，生物体及其天敌之间在进化过程中的军备竞赛，意味着双方必须不断进化，才能避免灭绝。

进化持续发生的唯一前提是，要有现成的遗传变异，这样自然选择才能从中研制出新的武器和防御措施。那些完全靠营养繁殖延续后代的植物，比如像马铃薯这样世世代代都是通过再次种植块茎来繁殖的作物，基因会越来越单一，早晚会被天敌消灭。木薯也是以营养繁殖的方式通过茎生根的部分来产生下一代的。化解这种进化僵局的方法就是有性繁殖。有性繁殖会使后代拥有新的基因组合，个体之间，以及个体和自己的父本母本都是不一样的。

尽管种植者是用营养繁殖的方式来种植土豆的，但这种蔬菜同时也在进行有性繁殖，这种不受控制的结合所产生的零散幼苗就是人工马铃薯育种之前所需的新品种的来源。木薯的情况也是一样，而且人们发现在这种作物中，农民们都偏爱长得最大的幼苗，结果无意中选择了基因变化最大的新植株，因为它们的长势确实要更好一些。

有性繁殖不仅保留了基因变异，从而降低了农作物感染流行疾病的风险，还使不同物种之间的杂交成为可能。许多农作物都是杂交起源的，包括面包小麦和很多蔬菜。芸薹属中有数种常见的蔬菜，但奇怪的是它们的染色体数量都各不相同，从只有16条染色体的黑芥（*Brassica nigra*），到有38条染色体的甘蓝型油菜（*Brassica napus*）。这种差异通常是植物间杂交的结果，而且参与杂交的植物本身有不同数量的染色体。找出创造杂交植物的亲本组合就像试图解决一道数独谜题一样，1935年，芸薹属植物的谜题被日本的植物学家解开了。

植物学家禹长春的英文姓氏就是"U"，他发现在画图表时，如果把芸薹属染色体数量最少的三个物种分别安排在三角形的三个角上时，剩下的三个物种的染色体数量都恰好符合角上的物种两两组合相加后的结果。也就是说，甘蓝（*Brassica oleracea*，18条染色体）和芸薹（*Brassica rapa*，20条染色体）杂交产生了甘蓝型油菜（38条染色体）。黑芥（16条染色体）和甘蓝杂交产生埃塞俄比亚芥（*Brassica carinata*，$16 + 18 = 34$条染色体），黑芥和芸薹杂交出了芥菜（*Brassica juncea*，$16 + 20 = 36$条染色体）。

通过现代的基因组分析，我们已经确定了禹式三角中所有物种的起源时间，并在地图上确定了一些事件发生的地点。在约2 400万年前，所有芸薹属植物的共同祖先起源于北非。位于三角形的三个角上的物种诞生于不同的地方。黑芥在约1 800万年前出现在北非西部地区，并传播到西南亚地区，而到了790万年前，在西南亚又诞生了甘蓝和芸薹的共同祖先。254万年前，这个共同祖先又分别在地中海分布区的西部进化出甘蓝，而在更远的东部进化出芸薹，后者在大约2百万年前传到了中亚。

在禹式三角中，三种杂交的芸薹属植物都是作为农业的直接或间接成果，在其各自的亲本被动接触时形成的。例如，埃塞俄比亚芥被认为是黑芥与人们种植的甘蓝杂交产生的。除了已经提到的由甘蓝经过人工选择和驯化得到的蔬菜之外，芸薹还进化出了芜菁和大白菜，甘蓝型油菜进化出了油菜和芜菁甘蓝（也叫瑞典芜菁）。

尽管蔬菜的种类繁多，但我们吃蔬菜只是出于一个最重要的原因，那就是它们的营养特性，尤其是其中的碳水化合物。为了让蔬菜变得可以食用，我们通过人工选择和烹饪加工降低了这些植物的自然防御对人体的伤害。也许颇具讽刺意味的一点是，在烹饪时，我们也会为了获得某些植物的防御化合物，而把它们加进锅里。加了细香葱土豆沙拉会更好吃，配上罗勒的番茄和配上薄荷的豌豆味道会提升不少，而大蒜在烹饪中的作用简直多到数不清。对于粉蝶来说，十字花科植物有毒的硫代葡萄糖苷所散发出的微弱气味，就是晚餐的味道，而我们人类也和粉蝶一样，为了寻找用化学武器将我们引诱到餐桌旁的香料植物，踏遍了全世界。

配菜 2

香草和香料——辛辣

玉米、甘蓝、奶牛和花菜都见证了我们作为一个物种是如何运用驯化对于进化的影响力来塑造大自然的。在过去的一万年间，我们对基因组进行了混合、重组和扩展，重新排列基因，从而使动物变肥，使农产品市场上的所有东西都变得更大、更好吃。这既是科学成就，也是人类创造性的成果。而直到最近的100年，我们才开始充分了解选择背后的遗传学原理，并加以利用。无论是通过创造力还是科学，我们无疑都已经重新描绘和塑造了透过厨房窗户看到的风景。即使在亚马孙热带雨林的深处一个美洲印第安人的菜园里，也可能整齐地种着在当地被驯化的木薯、玉米、大豆、甘薯和水果。因此，人类可以说掌管着自然界所有可以吃的东西。那究竟是不是这样呢？如果要找到一个反例，证明餐桌上的食物其实是由我们的食欲所决定的，那么我们不妨从香料的诱惑力谈起。

　　香草是我们身边叶子散发香味的植物，我们可以自己种植，随时取用。香料则是刺激性气味的种子、树脂、树皮和植物的其他部位，直到现代，香料都是罕见而具有异国情调的。香草和香料在从东到西跨越整个地球的过程中，几经辗转，它们的发源地是无知的人类靠想象力大致勾勒在地图上的未知土地。丁香、姜、胡椒、肉桂、肉豆蔻干皮和肉豆蔻的诱惑力除了体现在气味上，还有一种令人欲罢不能的神秘感。希腊历史学家希罗多德曾写道：

> 阿拉伯人说，大鸟衔来那些叫作肉桂的干树枝用于筑巢，它们的巢穴主要由泥土筑成，而且都位于陡峭的山壁上，没有人能攀爬上去。为了解决这一难题，人们想出了这样一种方法：把死去的牛和其他驮畜的四肢切成大块，放在巢穴附近，然后退到一旁。鸟儿会飞下来，把肉块带到它们的巢穴里，但巢穴的强度不足以支撑肉的重量，就会掉到地上。这时，人们就会上前来收集肉桂，而肉桂正是凭借着这种方式传到了其他国家。

也许这个和《天方夜谭》里的神话一样精彩的故事，在肉桂从亚洲沿着香料之路被不断易手的过程中，被口耳相传，以讹传讹后，真实的故事就这样被添油加醋成一个扑朔迷离的传说。几个世纪以来，东方美食中所用到的可食用鸟巢是从婆罗洲的洞穴墙壁上收集的，但这些鸟巢是由两种金丝燕干燥后的唾液制成的，与原产于斯里兰卡的肉桂树树皮毫无关系。

香料的用途不仅体现在医药领域，还体现在厨房中。它们非常稀有，而且价值相当高，以至于对这些商品原产地的搜寻，以及对黄金的渴望让克里斯托弗·哥伦布和费迪南德·麦哲伦有了到未知世界航行的动力。哥伦布"发现"美洲大陆和麦哲伦的第一次环球航行都是在寻求香料的过程中顺带完成的。征服了阿兹特克人的埃尔南·科尔特斯

（Hernán Cortés）曾向资助他航行的西班牙国王许诺，他会找到东方的香料群岛，还说如果没有找到，"陛下可以像惩罚不说实话的人那样惩罚我"。一路向西到达东印度群岛的航行是一场赌博，因为能获得的香料永远抵不上所冒的风险。辣椒是墨西哥最有代表性的一种香料，不过由于欧洲人在此之前还不知道它的存在，所以它从未被卖出过和东方香料一样的高价，或者拥有与美洲金银相匹配的价值。

东方人开始把香料卖给西方人比欧洲商人决定自己寻找货源并控制市场早了3 000多年。拉姆西斯二世（Ramses Ⅱ）法老的木乃伊是在约公元前1213年被埋葬的，在其腹腔和鼻腔里，都用黑胡椒进行了防腐处理。黑胡椒是印度南部潮湿的森林中特有的一种植物，可能是先被那里的狩猎采集者收集，然后被卖到西海岸，而在西海岸，迫不及待的买家乘船到达这里，随时准备带它们横跨印度洋。从印度东海岸的森林到西海岸海港的这条跨越整个大陆的胡椒陆运路线，在古罗马时代就已经相当完善了，这一点从那里遗留的好几枚罗马钱币中就能看出来。从印度出发的跨海路线和鸡被带到非洲的某一条路线是一样的。肉桂是在《旧约全书》中被提到的一种香料，所以一定是以类似的方式被定期运到地中海东部地区。到公元前1100年，肉桂的供应量已经十分充足，能够让腓尼基人在地中海附近买卖密封小瓶装的提取物。

在其他经典的东方香料中，姜可能来自印度东北部或是中国南部，但我们至今还没有找到它的野生近亲，所以并不清楚其确切的起源。丁香、肉豆蔻和肉豆蔻干皮是最稀有且最受欢迎的香料，而它们的原产地也是最偏远的。丁香是用一种小树上的花蕾晒干后制成的，而这种树只生长在印度尼西亚北摩鹿加群岛的几个岛屿上。肉豆蔻和肉豆蔻干皮也来自印度尼西亚，而且最初只在班达群岛的少数几个岛屿上发现。肉豆蔻树的果实像桃子一样，成熟后会裂开，露出一颗包裹着鲜红色假种皮的种子（即肉豆蔻）。在经过干燥和分离后，假种皮就会变成黄褐色，成为肉豆蔻干皮。

香料和香草都有抗菌性，有人认为，这或许可以解释为什么它们在肉类容易很快腐烂的炎热国家会被大量使用。最辛辣的菜系通常出现在热带和亚热带地区，他们提出，这可能是因为那里的人们为了使肉类吃起来更安全更可口，必须要用到香料。例如，我们不妨比较一下路易斯安那州或新墨西哥州的辛辣食物与西雅图或波士顿传统上口味比较温和的菜系。印度南部的菜肴比北方的要更辣，在中国也是一样的情况。在中餐馆里，菜单上最辣的菜，比如宫保鸡丁就来自中国西南部的四川省。遗憾的是，使用香料实际上并不能有效地使腐烂的肉变得美味，那种有刺激性的味道反而可能使情况变得更糟。此外，盐腌、干燥、熏制和发酵都是效果更好的保存食物的方法，而且都得到了非常广泛的应用。至于气候和香料使用之间的关系，就像马克·吐温曾说过的那句名言："科学真是奇妙，能让人从微不足道的小事得出这么多的猜测。"而这两者之间的关联性可能只是因为香料的地理分布——香料往往原产于热带。

大蒜和洋葱是两种抗菌性非常强的食材，不过它们既不被用于食物保存，也不起源于热带地区。这两种奇妙的植物，以及包括韭葱和细香葱在内的烹饪时常用的十几种亲缘植物都属于葱属植物。这类植物大约有500个物种，全都受到含硫化合物的保护，正是这些化合物让洋葱在带给人快乐的同时，也带来了痛苦。一个完整的洋葱头或者大蒜瓣是没有气味的，因为，就像芸薹属植物中的硫代葡萄糖苷和木薯中的氰化物一样，植物的化学武器由两种成分组成，只有在混合和相互反应之后，才会产生毒性。切开或者压碎某种葱属植物时，会有两种化合物，即一种前体和一种酶从它们在细胞内的不同区室中被释放出来。在捣蒜的过程中，大蒜的前体，也就是蒜氨酸会转化为蒜辣素，是大蒜中的有效成分。洋葱中有一种类似的前体会先与在大蒜中发现的同一种酶发生反应，随后会与另一种酶发生第二次反应，产生出成年男子都无法抵抗的催泪的分子。

植物创造了成千上万种不同的化合物，似乎这些化合物的唯一或者说主要作用就是抵御天敌。这些化合物是香草和香料的有效成分，也是像奎宁和阿司匹林这样的药物，还有像鸦片和大麻这样的毒品，以及我们每天都要喝的咖啡和茶中的有效成分。一向慷慨大方但手段单一的进化，在创造植物中化学成分的多样性时，只是对有限数量的化合物进行了改变。在植物细胞内部，分子的多样性是通过少数几种基本的生化途径实现的，尽管经由这些途径可以实现的化学功能有很多，但每条途径都是从合成含有固定数量碳原子的基本单元开始的。例如，在许多香料和香草中，合成芳香族化合物的类萜途径就是从一个含有 5 个碳原子的基本组成单元开始的。之后，这个基本单元就像乐高积木一样结合在一起，形成更大的不同规格和构型的链结构和骨架。一类由包含 10 个碳原子的骨架构成的萜类化合物被称为单萜，正是它让唇形科植物（比如罗勒、百里香、牛至和迷迭香等）拥有了独特的芳香。与之形成鲜明对比的是，天然橡胶这种萜类化合物则是由 10 万个五碳结构单元，也就是50 万个碳原子形成的巨型骨架。

在分子搭建的第二阶段，由多个基本单位形成的碳骨架会通过添加和重组进行调整。在合成一系列碳骨架的第一阶段，和以各种方式对这些骨架进行修饰的第二阶段，都能够制造出大量不同的分子。目前，我们已知的通过类萜途径形成的化学物质就有4万多种。再加上植物往往不会只合成一种芳香族分子，而是会合成好几种，这样就在个体内部和植株之间产生了化学成分上的多样性。因此，任何一家备货充足的园艺中心都能够提供闻起来像柠檬、苹果、天竺葵、姜、薄荷或者留兰香等植物的薄荷品种。每一种气味都是不同的单萜混合而成，但由于生化途径有多个分支，所以小的基因变化就可能在不同的植物中产生出完全不同的混合方式和芳香。虽然只有一个基因决定了一种酶，导致薄荷与留兰香气味截然不同，但这个基因的作用就像在铁轨上扳动道岔一样。一个等位基因会使气味朝着薄荷中单萜混合物的方向发展，而另一个则会使气味朝着留兰香中单萜混合物的方向发展。

人们或许会认为自然选择应该偏爱那些仅产生一种极为致命的单萜植物品种，为什么像薄荷这样的香草会产生如此多样的防御性化合物呢？一个根本的原因是，自然选择是通过小幅度地调整现有机制来实现渐进式的改进，因此，天敌只需要克服植物化学成分中的微小变化，而为了做到这一点，它们要经历很严酷的自然选择。因此，进化的渐进本质不允许植物进化出对敌人来说一招致命的"杀招"。甚至连一种新毒物（比如硫代葡萄糖苷）的出现，也只是让十字花目的植物从它们的天敌那里得到了一个暂时喘息的机会。

化学成分多样性的第二个原因是，在面对一系列不断进化的天敌时，灵活的策略，就比如这种由一系列的防御性化合物组成的体系具有很大的优势。这一点可以在科学家发现的留兰香和薄荷之间的遗传差异中得到体现，当时他们正在筛选不同品种的留兰香，希望找到对影响美国作物商业化生产的一种真菌病害有抗性的品种。结果发现，对这种病害抗性更强的品种闻起来像薄荷。有留兰香味和有薄荷味的植物在单萜上的差异就是它们抗病性不同的原因。多种多样的化学防御在面对不断进化的敌人或者众多敌人时会成为非常有利的条件。

化学防御也会因环境不同而变化，也就是说需要进行局部适应。在法国南部的地中海气候中，有6种野生百里香，每一种中起主导作用的单萜分子都不相同。在对这6个不同品种（也叫化学型）进行基因分析后，我们发现它们在化学成分上的差异是由5个基因引起的。而这5个基因在最终合成百里香酚（有百里香的特征香气）的生化途径中分别控制着一个步骤。基因座上的一个显性等位基因控制着生化途径的第一个步骤，它会使这个步骤之后的途径都无法继续，从而产生具有柠檬香味的香叶醇。沿着这条途径继续往前，我们发现控制着第三个步骤的基因决定了所产生的单萜物质是会具有酚类结构还是非酚类结构。只有在生化途径中完成这一步骤的化学型才会产生具有酚类结构的单萜和百里香的气味。

研究法国南部野生百里香种群的科学家发现，在蒙彼利埃附近一个叫作圣马丁德隆德雷斯的村庄周围，不同化学型的分布呈现出一种非常独特的模式。圣马丁德隆德雷斯位于一个被群山环绕的盆地中，而且在村庄附近生长的百里香居然都没有百里香那种特有的气味。事实证明，所有生长在海拔250米以下的化学型所产生的单萜都是非酚类的（以下简称"非酚类化学型"）。相比之下，所有生长在250米等高线以上的化学型产生的单萜都是具有酚类结构的（以下简称为"酚类化学型"），才有百里香的气味。

导致不同化学型分布如此奇怪的原因，是冬季村庄附近的盆地底部和周围山坡之间的温度差异。在寒冷的冬天，由于冷空气比暖空气的密度大，所以下沉到暖空气之下，这样圣马丁德隆德雷斯周围的盆地中就出现了逆温现象，将冷空气留在盆地中。而生长着酚类化学型的250米以上的山坡则处于暖空气中，避开了最寒冷的天气。在实验中，科学家把250米以上和以下两个区域内的化学型交换位置，结果发现酚类化学型会在初冬的严寒天气中被冻死，因为在某些年份，气温可能会比零下15摄氏度还要低很多。相比之下，在冬天比较暖和的地方，酚类化学型则能在干旱条件下存活，同时抵御昆虫的侵害，比非酚类化学型生长得更好。

一项新的研究进展也证实了局部适应寒冬的重要性。最早有关圣马丁德隆德雷斯附近化学型的记录是在20世纪70年代，当时的冬天通常是非常冷的，但从那个时候开始的气候变暖意味着，从1988年以来，就没有一个冬天像以前那样寒冷了。2010年，人们在对化学型分布重新调查时发现，产生酚类单萜的品种已经开始在盆地中生长了，而在20世纪70年代，那里连一株这样的植物都没有。

地中海地区分布着丰富的唇形科植物，其中有一条普遍规律，产量最高的含有酚类单萜的精油都来自最炎热的地方。而单萜混合后的气味根据地理位置的不同，也会有差异。迷迭香中含有四五种主要的单萜：在法国和西班牙，迷迭香精油中樟脑是占据主导地位的；在希腊，桉树脑是占据主导地位的；而在科西嘉，迷迭香精油几乎全部都是马鞭草烯酮。但我们并不清楚为什么会有这种地区差异。

到目前为止，有关香草和香料的进化故事，我们只讲了一半内容，也就是与植物学有关的那一半内容，不过我们对这些植物感兴趣的原因首先当然是它们对人感官的影响。从进化的角度来看，让大多数动物望而却步，甚至命丧黄泉的植物化学物质却对我们产生了完全相反的作用，这无疑是很令人困惑的。而当我们了解到这些诱人的拒食剂是如何被感知时，只会进一步加深这种悖论。香草和香料的气味刺激嗅觉受体，受体相互配合，帮助大脑区分香味和臭味。此外，有几种香草和大部分的香料也会刺激神经细胞上的痛觉传感器，也就是伤害性感受器。伤害性感受器分布在身体上所有对疼痛敏感的部位。脸部、眼睛、鼻子和嘴部的伤害性感受器通过三叉神经的分支向大脑传递信号。伤害性感受器有一系列瞬时感受器电位（TRP）受体，通过产生神经冲动来对外界的刺激做出反应。每种TRP都可以被一系列不同的刺激物激活，比如热、冷、压力和某些化学物质。

正因为TRP可以对诸如热、冷和化学物质这样的物理刺激做出反应，所以我们才会感觉有些香料是"热"的，而有些是"冷"的。红辣椒可能会让你感觉就像它们在你嘴巴里放火一样，因为辣椒的活性成分是一种叫作辣椒素的分子，它能刺激到可以感知热的受体TRPV1。同样地，由薄荷生产的一种单萜薄荷醇则会让人有清凉的感觉，这是因为它会触发到可以感知冷的受体TRPM8。

其他香草和香料会触发不同的TRP受体，而这些受体又与嗅觉受体相互配合，共同呈现出每种植物特有的味道。和辣椒一样，黑胡椒和花椒也会刺激到TRPV1，不过花椒还能触发另外两种受体，即TRPA1和KCNK，它们都能产生一种刺痛感，这也是川菜最鲜明的特点。我第一次在伦敦唐人街的一家餐馆品尝川菜时，由于厨师用了太多的花椒，以至于我的嘴都完全失去了知觉。我本该把这当作大自然的警告，因为这家餐厅后来又用收费过高的账单再次刺痛了我们。

芥末、山葵和辣根的刺激性成分，与大蒜和姜的刺激性成分不同，但它们都会在强烈刺激受体TRPA1的同时，轻微地刺激一下受体TRPV1。百里香和牛至中的单萜会触发TRPA3，同时轻微刺激到

TRPA1。肉桂中的单萜只会刺激TRPA1，但柠檬草中的单萜会刺激到4种受体，按照强度递减的顺序依次是TRPM8、TRPV1、TRPA1和TRPV3。因此，在大脑中形成的香草和香料的味道，是由鼻子中的嗅觉受体以及舌头和嘴里的伤害性感受器所发出的信号以不同的方式组合而成的。

如果你在处理过辣椒之后，用手触摸你身体的敏感部位，就会知道并不是只有嘴里的伤害性感受器才有受体TRPV1。这也是为什么非常辛辣的食物，在进出身体的过程中都会产生灼热感。植物并不是唯一一类以TRP受体为目标从而给攻击者带来痛苦的生物体。在狼蛛毒液中发现的毒素也是以TRPV1为攻击目标的。

TRP受体在进化史上是一个非常古老的体系，除了人类之外，在其他脊椎动物、昆虫、线虫，甚至酵母中也存在。这就解释了为什么在植物侵入食草动物的痛觉回路时，被当作目标的很多受体也会对我们的感官产生影响。但为什么我们会对激活伤害性感受器和让其他物种反感的物质有积极的反应呢？答案就在最初第一次接触到纯种辣椒和其他所有能触发TRP的香料和香草时，我们通常的反应确实是反感。当我们在从来没有品尝过会触发伤害性感受器的物质时，确实会做出像你预期的那种反应。而对这些物质的喜爱（当然并不是每个人都喜欢）是后天获得的。对于苦味的食物来说，也是如此。

我们怎么会对这种令人厌恶的化学物质产生兴趣呢？提醒我们食物可能有毒的受体只是预防伤害的第一道防线。如果这些化学物质最终被证明根本没有毒性，那么我们就可以学着去享受刺激而不是回避。在自然选择中，这是很有利而且很受偏爱的，因为植物中含有大量的营养物质，如果在植物发出"我有毒，不要吃我！"的化学信号时，我们就直接相信的话，会无谓地失去很多食物来源。最基本的一种解释就是剂量问题。一只咬了一大口有毒植物的小昆虫，每单位体重所承受的剂量，要比像我们这样的大型动物咬一小口相同的植物所承受的剂量要大得多。因此，当我们把少量对于昆虫来说有毒的百里香叶加入食物中时，会让饭菜变得很香。不过，我们也有可能过量使用了一些香料，比如大家都不陌生的肉豆蔻中毒。

尽管TRP受体起源于古代（就像前文讨论过的味觉受体一样），但已经在进化过程中发生了很多变化，使得物种间在敏感性上产生了差异。有些物种已经失去了某些TRP基因，而有些TRP基因的功能则已经被改变。例如，某些鱼类已经失去了对冷敏感的受体TRPM8。在像我们这样的哺乳动物身上对辣椒素如此敏感的受体TRPV1，在鸟类身上对同一种化学物质却不会产生任何感觉，小鸟连叫也不会叫一声。

辣椒充分利用了哺乳动物和鸟类对辣椒素的敏感性不同这一事实。在亚利桑那州南部针对野生辣椒进行的一项实验中发现，鸟类会吃下成熟的果实，并将种子排泄到可萌芽的环境中，但啮齿动物是不会碰这些植物的。以前没有遇到过辣椒的啮齿动物会吃一种无法合成辣椒素的品种，但它们粪便中的种子会被分解成碎片，无法萌发。因此，辣椒素是一种有选择性的威慑物，可以阻止啮齿动物食用和破坏辣椒的种子，同时又不会吓跑带走果实并且能顺利撒播种子的鸟类。

辣椒素是辣椒属植物特有的一种物质，但并不是所有的辣椒品种都很辣，而且每个品种的辛辣程度也各不相同，甚至在同一个品种中也是如此。例如，被驯化后的各种辣椒（*Capsicum annuum*）就既包括完全不辣的灯笼椒，也包括火辣辣的朝天椒。辣椒素存在与否取决于*Pun1*基因，但能合成辣椒素的辣椒实际上的辛辣程度则由其他基因和生长条件来决定。

正如在百里香的野生种群中，产生酚类单萜的品种出现的频率在各地不同，在一些野生的辣椒种群中，能产生辣椒素的品种出现的频率也是有差异的。和百里香一样，这种差异也是对局部条件的适应导致的。在一项对于玻利维亚（可能是辣椒最早起源的地方）野生辣椒品种枸杞果辣椒（*Capsicum chacoense*）的研究中，人们发现这里的种群具有多态性，也就是说有些辣椒是辣的，而有些则不辣。就辣的品种来说，种子中的辣椒素可以保护它们免受一种叫作镰刀菌的真菌侵害。这种真菌最常出现在潮湿的环境中，而在这种环境下生活着一种臭虫，它们会把辣椒的果实刺破，从而为真菌提供可乘之机。所以在这样的环境下，能产生辣椒素的植物就处于有利地位，数量上也占大多数。而在比较干燥的地方，由于没有那种臭虫，所以真菌的感染率很低，不辣的品种就占了多数。

由于辣椒素可以保护种子免遭啮齿动物的掠食和真菌的感染，所以有人会认为辛辣的植物在任何有啮齿动物存在的环境中都是有优势的，而不仅仅只在有真菌感染风险的环境中。那么，为什么在更为干燥的地区生长的植物没有辣味呢？答案就是，在干旱条件下，这个物种的辛辣品种没有非辛辣的品种生长得好。事实上，在缺水的情况下，辛辣植物的种子数量只有非辛辣植物的1/2，然而在水源充足的时候，这种差别并不明显。这项研究表明，植物为保护自己而合成的化学物质并不是没有成本的，而在缺水的情况下，就要以牺牲种子数量为代价。这些成本和收益是由许多生态因素所决定的，而进化平衡了成本和收益，比如在上面的例子中，昆虫对果实的攻击以及真菌和啮齿动物对种子的攻击，还有土壤的含水量都在发挥着作用。

香草和香料说明了进化的复杂性及不可预测性，甚至还有某种讽刺意味。尽管这些植物在自然选择的作用下拥有了"武器"，从而阻止那些把它们视为盘中餐的动物，但我们恰恰就是喜欢它们的毒素，并将其随意地添加到我们的饭菜中。如果香料表明我们有时会成为感官的奴隶，那么甜点就是最常见的迷恋和最廉价的奢侈。

甜品 1

甜点——放纵

根据当代文艺复兴式的代表、歌剧导演和美食家弗雷德·波洛特金（Fred Plotkin）的说法，创作时音乐如美酒般倾泻而出的天才莫扎特是从维也纳的蛋糕和点心中获得了动力。维也纳是法式糕点之都，也一定是所有沉迷于甜点的人心中的终极圣地。这里还是薄皮苹果卷诞生的地方，这是一种用加糖的苹果馅做成的美味糕点，用肉桂调味后，包裹在一层像膜一样薄的生面皮中进行烘烤，然后抹上黄油，再撒上糖粉。同样是在这个城市，有两家公司都宣称是自己首创了经典的维也纳巧克力蛋糕——萨赫蛋糕，并为此进行了长达7年的法律诉讼。

　　发明甜点需要用到大量烹饪技巧和丰富的想象力，不过尽管甜点的调味剂种类繁多，制作过程也十分烦琐，但实际上只有三种基本的原料：碳水化合物（糖和淀粉）、脂肪和巧妙的设计。以火焰冰激凌为例，这是一种在一层隔热的蛋白酥皮壳里烤出来的冰激凌，创造出冰与火同时在一道菜品中并存的惊人效果。火焰冰激凌有一种设计更加新颖的变体——冰冻佛罗里达，由尼古拉斯·柯蒂（Nicholas Kurti，1908—1998）发明，后者既是一位低温物理学家，也是分子美食学的创始人之一。冰冻佛罗里达的做法利用冻结的水允许微波穿过这一特性，因此只要用微波炉，就可以加热被包裹在冰激凌里的果冻。尽管上面这两种甜点都很有创意，但本质上前者就是用糖裹住脂肪，而后者是用脂肪包住糖。在食谱或者烹饪书上，这当然是一种最不充分且最无益的描述甜点的方式，但却触及了甜点的进化本质——热量。

你不必过于深入地探究人类原始冲动的进化过程，就能理解我们为什么会如此喜爱碳水化合物和脂肪，毕竟，它们都是我们利用特定的味觉受体能感知到的纯粹的能量来源。我们味蕾中的甜味受体能感知到甜食中的糖，和由唾液中的α-淀粉酶从淀粉类食物中释放出的葡萄糖。从化学角度来说，葡萄糖、蔗糖和其他糖类都被描述为简单碳水化合物，而由葡萄糖聚合而成的淀粉则是一种复杂碳水化合物。我们将会看到，简单碳水化合物和复杂碳水化合物之间的区别在营养学上是很重要的。唾液中还含有脂肪酶，它可以分解脂肪，释放出脂肪酸，刺激味蕾中相对应的感受器。因此，在进化过程中，我们已经有足够的能力去感知自己喜爱的这两种高能量的食物了。

葡萄糖是一种通用的生物燃料，能为一切生物提供能量。植物、昆虫、酵母和人类都是以交换或者窃取的方式获得这种生物燃料。在动物体内，溶解状态下的葡萄糖通过血管被运输到各处，而在植物体内，则是以蔗糖的形式进行运输。蔗糖是一种由一分子葡萄糖和一分子果糖组成的糖分子。在春天，糖枫的树液上升，加拿大农民从树上收集到的甜味液体中就含有蔗糖。由于糖枫树液的含糖量只约为2%，所以必须要熬制，以浓缩枫糖浆中的糖分和风味。相比之下，在热带禾本科植物甘蔗的汁液中，则含有20%的糖。这种植物是在新几内亚被驯化的，时间大约在8 000年前，目前这种植物在整个热带地区都有种植。甘蔗的汁液非常甜，传统的食用方法就是削去茎表面的皮，然后咀嚼蔗髓。

花蜜中的糖是吸引蜜蜂和其他传粉昆虫前来访花的主要奖赏。以花蜜为食的昆虫将植物利用太阳能合成的糖，通过一张看不见的能量网运输到各处，而这张能量网有可能扩展到方圆数千米的范围，将所有的动物，包括我们人类都与这种热量的基本来源联系在一起。蜜蜂将花蜜转化为蜂蜜，在这个过程中，花蜜的含水量降低，糖的浓度被提高到80%以上，在这种情况下，善于分解糖的酵母就无法使花蜜发酵。所以说高浓度的糖是防腐剂。这就是果冻、果酱和果脯，以及蜂蜜无须冷藏就能长期存放的原因。

除了被用作生物燃料以外，葡萄糖（特别是植物中的葡萄糖）还会在合成像纤维素这样的高分子化合物时负责提供碳原子。从化学角度来说，棉花糖和由葡萄糖聚合而成（即纯纤维素）的棉花几乎没有什么区别。尽管对我们来说，前者是食物，后者是无法消化的物质，但有些生物体与这两种不同形式的糖之间，却有恰好相反的关系。你可能以为，牛和其他完全靠植物为生的动物是可以自行消化纤维素的，但事实上，没有一种动物具有能分解纤维素的酶，它们全都是依靠内脏中的微生物来完成这项工作的。对于这些细菌来说，纤维素既是开胃菜和主菜，也是甜点。

蜂蜜无疑是甜点菜单上最古老的食物。猩猩和黑猩猩会把树枝伸进蜂巢取蜜，还会吃蜜蜂的幼虫，用蛋白质来为它们好不容易获得的甜食作配菜。由于我们的类人猿近亲也食用蜂蜜，所以在我们人类的祖先与黑猩猩的祖先在500万年前分道扬镳之前，蜂蜜可能早就已经是古人类饮食中的一部分了。当然，这只是一种推测，因为我们目前只有证明旧石器时代的人类食用蜂蜜的直接证据。2.5万年前，在西班牙著名的阿尔塔米拉洞穴里进行创作的艺术家们，在岩壁上留下了巨大的野兽咆哮着穿过苔原的壁画，他们还在旁边一个比较小的山洞中描绘了蜜蜂、蜂巢和收集蜂蜜时用到的梯子，两个洞穴的壁画对比起来，就像是添加到野牛肉大餐中的一小份甜点。

在世界上很多地方的旧石器时代的洞穴壁画中，都出现过类似的与蜂蜜采集有关的画面，不过这种例子在非洲最为常见，从如今在那里生活的狩猎采集者的饮食习惯来看，蜂蜜对于这种生存方式来说还是相当重要的。在每年两个月的雨季里，生活在刚果民主共和国伊图里森林里的爱菲人几乎完全靠蜂蜜、蜜蜂幼虫和花粉为生，每人每天要消耗的蜂蜜能装满三个普通大小的罐子。坦桑尼亚的哈扎人对蜂蜜的消耗尽管不像爱菲人那样集中在某一时期，但他们全年的消耗量要更多一些，这或许才是在狩猎采集者中更加典型的一种情况。哈扎人生活在到处都是猴面包树的热带草原上，这种树的树干和主枝上有可供蜜蜂筑巢的空洞。在哈扎人的饮食中，有15%的热量是从蜂蜜中获得的。他们和非洲其他的狩猎采集者会利用与响蜜䴕这种鸟之间惊人的共生关系来找到蜂巢，这种鸟还有一个让人一目了然的拉丁学名——*Indicator indicator*[①]。

响蜜䴕以昆虫为食，在可能的情况下，还会食用蜜蜂幼虫和蜂蜡。尽管它们不吃蜂蜜，但有人发现它们会寻找蜂窝，甚至还能在凉爽的清晨，趁蜜蜂行动过于缓慢而无法蜇咬时，把头伸进蜂窝的入口，似乎是为了查看蜜蜂的活动情况。虽然响蜜䴕无法独自进入蜂巢内部，但会寻求人类的帮助，它们飞到哈扎人的聚居地，并发出一种独特的叫声，人们能听出这是鸟儿在向他们发出邀请。哈扎人也可以通过呼喊的方式召

① indicator 意为"指示者"。——译者注

唤响蜜䴕，最远可以将一千米以外的鸟儿叫到自己身边。

最早有关响蜜䴕与人类共生关系的记载出现在17世纪，而这件奇闻异事在近代一直被当成虚构的神话。然而，科学研究发现，情况正如非洲的狩猎采集者自己所宣称的那样，响蜜䴕和人类的确在寻找蜂蜜的过程中相互交流，共同协作。当哈扎人在猴面包树里发现蜂巢时，会用斧子削尖的木楔，把它钉到树干上较低的位置，从而在没有分枝的地方做一个梯子，这样人们就能够到蜂巢了。然后他们会像养蜂人那样，点燃一根木头，用烟驱赶蜜蜂，然后用斧子从树干中将蜂巢取出。响蜜䴕与人类的关系是互惠互利的。在响蜜䴕的帮助下，寻找蜂蜜的哈扎人找到一个蜂巢所花的时间不足单独寻找时的1/5。此外，响蜜䴕发现的蜂巢要比人们靠自己搜索发现的大得多，所含的蜂蜜也要多得多。而响蜜䴕也在与人类合作的过程中获得了原本无法得到的食物资源。

响蜜䴕与人类之间的关系是如何形成的呢？一种观点认为，响蜜䴕是在与其他物种（比如蜜獾——一种本领很强的食肉动物，偶尔会袭击蜂巢）合作的过程中进化出了引领行为，之后转而在面对人类的时候表现出了这种行为。尽管这种假说听起来似乎很合理，但在对响蜜䴕进行科学观察的过程中，实际上从未有人看到过这种鸟引领人类以外的任何物种。因此，这种共生关系至少看起来可能，甚至可以说很有可能从远古时代就开始了，或许比我们人类这个物种还要古老。

由于要用烟来驱赶蜜蜂，所以对火的控制是响蜜䴕与人类合作成功的关键，因此这种共生关系可能起源于我们的祖先直立人生活的时期，因为人们相信直立人已经会用火进行烹饪了。甚至还有人提出，如果更早期的古人类像今天世界上的一些人类种群那样，利用香草的驱虫性和防护性来驱赶蜜蜂，并减轻被蜜蜂蜇伤后的疼痛，那么响蜜䴕和人类之间的关系可能要更加久远。但不管过去多长时间，对甜食的迷恋一直在引诱我们去勇敢面对被蜜蜂蜇伤的痛苦和生命危险，毫无疑问，最早驱动蜜蜂进化出蜂针的一定是动物偷窃蜂蜜的行为。虽然无蜂针的蜜蜂种类有很多，但它们的巢相对较小，储存的蜂蜜也比较少，甚至根本就没有蜂蜜。

就像蜜蜂要保护它们那令人垂涎的热量来源一样，植物也要保护它们的花蜜不被那些只领取奖励而不完成传粉任务的强盗夺走。因此，很多花在自然选择的过程中，蜜腺被隐藏在了长长的花柱底部，只有在进化过程中喙变得足够长的忠实传粉者才能品尝到花蜜。还有一些植物在花蜜中掺入了毒素。尽管我们还不清楚这类花蜜中的毒素会如何，甚至能否保护花蜜免遭强盗的掠夺，但从毒素的效果在某种程度上具有选择性的情况看，它们是有可能起到保护作用的。蜜蜂并不会被有毒的花蜜吓住，但人类在吃了用这种花蜜制成的蜂蜜后就会患上重病。因此，有毒的花蜜可能会阻止食草哺乳动物食用这种花，而不会妨碍传粉昆虫的造访。能产生有毒花蜜的物种有包括彭土杜鹃（*Rhododendron ponticum*）在内的很多杜鹃花属的植物、洋夹竹桃（*Nerium oleander*）和山月桂（*Kalmia latifolia*）。

古希腊地理学家斯特拉博出生在黑海附近地区（今属土耳其）一个叫本都的地方，有毒的彭土杜鹃后来就是以这个地名命名其拉丁学名的。斯特拉博在著作中讲述了本都人是如何战胜由罗马将军庞培率领的军队。由于本都人很清楚在杜鹃花盛开的时候，本地产的蜂蜜可能有毒，所以他们就把有毒的蜂巢散布在侵略者会途经的道路上。罗马军队中有三支中队因食用了甜味诱饵而丧失了战斗力，最终全军覆没。

不过，由于一勺蜂蜜给人的印象总是非常健康和充满愉悦的，所以认为蜂蜜在某些情况下可能有毒的观点在近代是会引起怀疑的。在1929年版的《大英百科全书》中，撰写某个条目的作者对古罗马作家老普林尼（Pliny the Elder）和他的著作《博物志》进行了嘲讽，只因书中提及了来自黑海地区的"疯蜜"（mad honey）。尽管普林尼准确地将"疯蜜"对于神经的毒害作用归因于杜鹃花和夹竹桃的花蜜，大家也都知道这两种植物的叶子有毒，但《大英百科全书》更倾向于认为"这些老作家所描述的症状多半是由于暴食造成的"。有毒花蜜中毒的案例如今在土耳其仍然时有发生，受害者通常是中年男性，他们故意食用这些花蜜，只是徒劳地希望它能恢复他们每况愈下的性能力。

在大自然的集市中，如果含糖的汁液是一种可以被运输、窃取、保存或者花费的液体货币，那么脂肪就是存在银行里的钱，被储存在我们最亲近的身体里，以备不时之需。每盎司黄油中的脂肪所含的热量是每盎司糖所含热量的两倍以上。脂肪是大多数菜肴都包含的一种成分。无论如何，你都很难看到一份不含脂肪的美味甜点食谱。这不仅是因为脂肪本身就很好吃，还因为许多风味分子都是脂溶性的，因此需要脂肪把它们传递给我们的嗅觉受体。

脂肪会以各种各样的形式存在，包括那些植物为了满足种子的需要而合成的能量储备。巧克力入口即化的绝妙口感正是由于可可树（Theobroma cacao）种子中脂肪含量很高，脂肪会在体温下融化，并能与引起兴奋的可可碱之间发生令人愉快的反应。再加入糖的话，也就难怪有人几乎要对巧克力上瘾了。尽管甜点并不是导致热量摄入过多的唯一原因，但热量爆表的蛋糕的确是一个很好的例子，说明为什么超重或者肥胖是当今公众健康面临的一个主要问题。

从进化的角度来说，我们已经很清楚为什么基本能量来源，也就是糖类和脂肪含量很高的食物会让人无法抗拒，不过我们并不知道为什么吃了这些食物之后会给人体带来这么严重的危害。富含碳水化合物和脂肪的食物和饮料，和不怎么消耗能量的久坐不动的生活方式，是导致肥胖在全球大流行的主要因素。在美国，有 1/3 的成年人肥胖，也就是身体质量指数（BMI）达到 30 或以上。BMI 是一个人的体重（以千克为单位）除以其身高（以米为单位）的平方所得到的比值。此外还有 1/3 的美国成年人超重，即 BMI 在 25~30，因此可以说足足有 2/3 的美国人所摄入的热量超过了他们能够消耗的热量，从而使他们的身体将剩余热量以脂肪的形式储存起来。

在其他许多发达国家中，也出现了类似的情况。2/3 的英国男性超重或肥胖，而整个西欧地区超重或肥胖的平均比例为 61%。在北美和西欧地区，女性超重的比例略低于男性，而女性肥胖的比例则略高于男性。亚洲的情况要相对好一些。尽管有超过 25% 的日本男性和 18% 的日本女性超重，但与西方国家相比，肥胖人群的占比非常小，只有 3%~5%。

尽管发展中国家的情况各不相同，但超重在其中的许多国家也已经成了一个问题。在埃及，有 71% 的男性和 80% 的女性超重或肥胖。而在墨西哥，这个比例分别是 67% 和 71%。尽管在其他发展中国家，超重或肥胖人群的占比更低，但由于发展中国家的人口总量很大，所以全球共有 62% 的肥胖人士生活在发展中国家。尽管饥饿并没有被完全消除，但这些统计数据与过去人们印象中总是和发展中国家联系在一起的贫穷和营养不良的景象形成了惊人的对比。如今，在印度有两种类型的营养失调——有一部分人在挨饿，而越来越多的人则吃得太多。

超重是导致代谢综合征的一个主要风险因素，一大堆疾病会像凶鸟一般聚集在肥胖者身上：高血压、心血管疾病和 2 型糖尿病，同时可能出现血液中甘油三酯（即脂肪）和有害胆固醇的含量过高。2型糖尿病就是人体用来调节燃料供应（即血糖）的系统发生紊乱。在正常情况下，当你摄入碳水化合物时，血液中葡萄糖的浓度会激增，促使胰腺将胰岛素释放到血液中，这会使得全身各处的细胞都吸收到葡萄糖，并最终把任何多余的葡萄糖都转化为脂肪。这个过程形成了一个能使血糖降低的反馈回路，并且能够让胰岛素的分泌量减少，使血糖和胰岛素水平都恢复到空腹状态。2型糖尿病是一种慢性疾病，主要表现为在很长一段时间里，体内的细胞都不再对胰岛素有任何反应。随着病情的发展，血液中的胰岛素和葡萄糖浓度都会升高，因为正常情况下可以调节它们的反馈回路已经失效了。

2型糖尿病的出现是一个进化层面的健康问题，因为这种疾病有家族性，这也给我们带来了一个难题。由于2型糖尿病会影响男性和女性患者的生育能力，并使其寿命缩短约11年，所以引起易感性的遗传变异早就应该在自然选择的作用下从种群中消失了，然而当前较高的发病率表明，这种情况并没有发生。针对这个问题，有两种可能的解释。第一种是长期以来，与这种病相关的基因都是无害的，因为它们只会对超重的人产生危害。在肥胖问题发展到目前这种情况之前，很少有携带这些基因的人会胖到引起疾病的地步。所以根据这种假说，2型糖尿病是超重和易感基因共同作用的结果，而不是单纯由基因引起。

另一种假说是，如今使得2型糖尿病具有易感性的基因是以前实际上能带来优势的某种状况所遗留下来的痕迹。这个想法最初是在1962年由密歇根大学的医学科学家詹姆斯·尼尔（James Neel）在试图解释糖尿病为什么有家族遗传性时提出的。他认为，有些人经遗传获得一组基因（被称为一种基因型），这些基因能使他们比其他吃同样食物的人将更多的能量以脂肪的形式储存下来。他提出，这种基因型在食物供应时断时续的旧石器时代是一种优势，并类比节约用钱所带来的好处，将其称为"节俭基因型"。节约用钱能带来存款以应对不时之需，而节俭基因型则能储存挨饿一周也足够消耗的脂肪。尼尔的节俭基因假说认为，食物周期性短缺时，曾经在进化过程中备受青睐的基因在如今食物充足的现代环境中，会给携带者带来伤害。就目前的情形来说，具有这种基因型的人会积累过多的脂肪，进而引发疾病。

在节俭基因假说被提出近60年之后，人们在解释现代糖尿病为何流行的问题时普遍采用的还是这个观点。自1962年起，所有与科学相关的领域都取得了巨大的进步，因此我们现在可以问这样一个问题，那就是节俭基因假说是否有确凿的证据作为支撑。首先，我们应该检验一下詹姆斯·尼尔设定的前提条件，即我们的生理机能是对旧石器时代变化无常的狩猎采集生活的一种适应，并且他和其他人都认为，那时人们一定过着三饥两饱的生活。这个论点可以被分为两个部分：一是认为饥荒在旧石器时代很普遍，二是认为肥胖在饥荒时期带来的好处超过了在其他时候带来的危害。然而这两种观点都已经遭到了质疑。

证据的来源有两种：一种是像非洲南部的布须曼人这样的现代狩猎采集部落的生活方式，人们推测这些部落几乎过着和人类旧石器时期的祖先一样的生活，另一种则是肥胖症的遗传原理。最近有一项研究比较了在生存方式不同的部落中发生饥荒的频率，结果发现事实上，狩猎采集部落要比生活在类似环境中的农耕者遭受更少的饥荒。农业是一种高风险、高收益的生存方式，因为在丰年人口会大幅增长，紧接着在作物歉收时又会面临严重的粮食短缺。狩猎采集者则不太容易受到饥荒的影响，这是因为他们的人口相对较少，可以食用的食物种类也更多。此外，在对现存的狩猎采集者的身体质量指数进行估算后，我们发现他们总是处于正常范围内偏瘦的水平（BMI 约为 20），也没有表现出任何为了度过艰难时期而增重的倾向，直到他们选择了和现代人一样的生活方式和饮食习惯。

因此，和旧石器时代的饮食习惯一样，我们一直以来对于石器时代人类祖先生活方式的认识与事实完全就是两回事，可以说比《摩登原始人》（Flintstones）还要荒谬。不过，这并不意味着节俭基因假说的彻底终结，因为我们可以对最初的构想进行一些修改。可能有人会说，如果农业给人类带来了饥荒，那么在这些部落中，节俭基因的优势就应该是在这个时候才体现出来的，而不是在更早的时期。在以这样的观点对尼尔假说进行修改之后，问题变成，节俭基因到底有没有可能是从更易导致饥荒的农业诞生时开始出现的呢？

这个修改后的尼尔假说意味着节俭基因要以更高的速度进化和传播，因为农业诞生的新石器时代距今不过只有 1.2 万年。然而，在这段时间内还发生了其他很多变化。在对人类基因组进行的大规模研究中，科学家找到了一些在过去 1.2 万年里发生的基因变化，但其中没有一项能证明有一种易使人患上 2 型糖尿病的基因型在扩散。事实上恰恰相反，有基因证据表明，自新石器时代以来，在某些种群中，自然选择偏爱的等位基因（即基因变异）是那些能降低而不是增加 2 型糖尿病患病风险的。

也许，我们并不应该期待节俭基因假说如此大范围地传播，因为詹姆斯·尼尔在 1962 年试图解释的易感性很低的 2 型糖尿病，现在已经成为全球性的流行病。尽管在 1962 年，人们追问为什么某些家族会比其他家族更容易患上这种疾病是有意义的，但如果现在再问这个问题就没什么意义了，因为在总人口中，有很大一部分都因超重而有患病风险。事实上，可以说我们不应该再寻找那些让某些人容易患上2型糖尿病的基因，而应该在某些幸运的个体身上寻找那些能阻止这种情况发生的基因。

节俭基因假说的终结是否意味着进化生物学无法解释糖尿病大流行的原因呢？不，并不是这样的，但它所揭示的本质反映的是这个问题的不同方面。对应的问题也不再是为什么有些人更容易患上2型糖尿病，而是人类的生理机能是如何进化到使我们中的大多数人都变得如此脆弱？这个问题进一步延伸就变成了，在短短几十年里，这种全球范围内的易感性是由于人类饮食中的什么变化引起的呢？根据加州大学旧金山分校的内分泌学家罗伯特·卢斯蒂格（Robert Lustig）博士的说法，这两个问题的答案可以用一个词来概括——果糖。

果糖是葡萄糖的同分异构体，味道更甜，危害也更大，而且与葡萄糖结合后会形成蔗糖分子。同等重量情况下，果糖的甜度是葡萄糖的两倍，许多植物的果实中都含有果糖，从而使它们对包括我们在内的动物都具有超强的吸引力。水果在成熟时，会变得更加香甜，这样就能吸引来那些会把它们带走的动物。动物在带走果实后，会把植物的种子运送到一个更有利于生长的地方，周围还会有能促进生长的粪便。所以说，果实就是在转移植物基因这种贵重货物时所用的一次性包装。果实中的营养成分是运费，而收取了费用的鸟、蝙蝠或者灵长类动物就是运输工具。从植物的角度来看，所谓的目的地就是后代子孙能茁壮成长的地方。

生产食品和饮料的厂家所采取的策略和水果是一样的，他们利用一种酶将玉米糖浆中的一些葡萄糖转化为果糖，生产出高果糖玉米糖浆

（HFCS）。由于HFCS价格非常便宜，甜度很高，而且味道特别好，所以很多厂家在加工食品和大多数汽水中都会用到它。在过去30年里，果糖的消耗量就翻了一番，而且有越来越多的证据表明，果糖是肥胖症和代谢综合征的主要病因。

有关饮食和体重增减的传统观念是，身体就像一个热量账户。在查尔斯·狄更斯的小说《大卫·科波菲尔》中，米考伯先生曾建议大卫："在年收入20镑时，全年支出19镑19先令6便士，就会幸福。在年收入20镑时，全年支出20镑6便士，就会痛苦。"如果把"痛苦"改为"挨饿"，将"幸福"读作"肥胖"，那么金钱和热量听起来几乎就是完全对应的。实际上，这个比喻和背后的模型和节俭基因假说一样只是表面讲得通，一样也被很多人相信，但也一样是错误的。

这两者错误的理由也是相似的。金钱并不是在各个经济体中随意进出的，它的可用性由中央银行控制，中央银行可以储存、印刷（也就是使货币贬值）和贷出货币等，这就是国家经济的运行方式。同样，身体也不会对热量收支之间的平衡问题漠不关心，但它调控的是整个过程，包括热量消耗、储存和燃烧的速度。食物摄取是一门复杂的科学，在细节上可能受到许多因素的影响。例如，心理学家已经发现，在餐馆总会对我们产生影响的因素有：菜单和餐具的设计、菜肴的名称、盘子的颜色、玻璃杯的形状、背景音乐以及房间的氛围。而且，这还都是在我们闻到或品尝到真正的食物之前。

除了这些微妙之处，还有三种重要的激素可以调节我们的食量和食物中热量的去向，它们分别是：在空腹时会发出信号的食欲刺激素，在血糖水平需要降低时发出信号的来自胰腺的胰岛素，还有脂肪储量达到饱和时发出信号的由脂肪细胞合成的瘦蛋白。这三种激素信号都是由大脑中的下丘脑负责接收的，下丘脑调控着整个身体的能量平衡。果糖的问题在于，尽管它是一种糖，所含的热量也与葡萄糖相同，但人体并不把它当成一种糖，而且它也无法触发能够限制能量消耗和储存的调节激素。

让我们跟随一杯普通橙汁中的12克糖，来看看葡萄糖和果糖的代谢过程有何差异。在胃里，饮料中的蔗糖会被分解成同样多的果糖和葡萄糖。胃里的葡萄糖会被感知为食物，然后开始抑制食欲刺激素的分泌，但果糖并不会产生这种效果，因此它的热量会自由地进入你的身体，而不会触发任何会告诉你"停下！我吃饱了"这样的反馈。接着，糖类进入血液并在体内循环。葡萄糖可以被体内的所有器官用作燃料，但果糖只能被肝脏代谢。因此，葡萄糖是所有器官之间共享的，但实际上所有的果糖，或者换句话说，你从饮料中获得的一半热量最终都会进入肝脏。而肝脏同时还吸收了大约20%的葡萄糖，这就意味着对于一般的含糖饮料，这个超负荷工作的器官必须要代谢掉其中超过60%的热量。

然而，果糖造成的伤害还远不止如此。一勺果糖的生理效应要大于等量的葡萄糖，因为它不仅对胃中的饱腹感传感器不起作用，而且对于其他控制能量平衡的机制也是一样。血液中的葡萄糖会刺激胰腺产生胰岛素，使得身体的各个器官利用这种糖或将其以脂肪的形式储存下来。脂肪细胞会产生瘦蛋白，当由于储存的热量过多而导致瘦蛋白升高时，下丘脑就会命令人停止进食。然而，果糖却不会触发胰岛素分泌，所以这些热量也不会通过连锁反应导致瘦蛋白升高，下丘脑也就不会接收到让人停止进食的信号。结果，我们就会一直吃下去。

尽管披着隐形衣的果糖在与警惕暴饮暴食的守护者对抗，但这还不是它对人体造成的最坏影响。如果它只是让你变胖，就已经够糟糕的了，但它还有更潜在的危害。在一项针对有代谢综合征的肥胖患者的研究中，当他们饮食中的果糖被能提供相同热量的淀粉类食物所替代时，人们发现这些患者的体重减轻了，而且只用了 9 天，他们的新陈代谢状况就开始改善了。这表明果糖与代谢综合征的出现有关，这不仅仅是它所含的热量导致的，它应该还产生了其他的影响。罗伯特·卢斯蒂格则说果糖是一种毒素。

毒素是一种干扰生命所必需的代谢过程并产生致命后果的物质。所有的毒素都有一个特征，那就是它们的效果取决于剂量，果糖的不良作用也是一样。被缓慢地释放到血液中的少量果糖（比如吃下一个新鲜的水果）对肝脏来说是可控的。但是，经常摄入大量的果糖会导致肝脏中形成危险的脂肪堆积，进而导致多种疾病，如代谢综合征和 2 型糖尿病。令人遗憾的是，经过榨汁机或冰沙机处理的水果在胃里的表现就像含糖量很高的饮料，而不像是新鲜的水果，这是因为新鲜水果中能够减慢果糖吸收速率的纤维素，在经过粉碎处理后就起不到这样的效果了。

你现在可能很想知道，这和进化有什么关系呢？我很高兴你能这样问。我想表达的重点是，我们在试图解释现状时，不需要依赖马琳·祖克（Marlene Zuk）所说的"旧石器的神话"。当然，由于我们受到自身进化历史的限制，所以只能在一定程度上解释为什么果糖对人类是有毒的，而蜂鸟如果没有这种物质就无法生存。考虑到我们现在对果糖和代谢综合征的了解，重提节俭基因假说使我们认识到，尼尔在某些糖尿病患者身上看到的只是易感性表现的极端情况，而现在这种易感性几乎在我们每个人身上都显现出来了。进化并不是定数，而是有各种可能性。许多食物都展示出了这种特性，而其中最有代表性的莫过于奶酪了。

甜品 2

奶酪——乳制品

奶是唯一一种真正称得上是专门为供人类饮用而进化的一种食物。奶酪则是我们与其他生物体分享这份进化馈赠的结果，这些生物用自己的一小部分能量从我们这里换取到无穷无尽的美味。乳腺及其在某些时候惊人的分泌量对所有哺乳动物幼崽的成长和生存都至关重要，以至于人们不禁要问，没有乳腺的哺乳动物祖先是如何生存下来的。这是一个针对所有动物的适应性都可以提出的问题。查尔斯·达尔文在《物种起源》一书中坚持认为，自然选择驱动的进化是一个渐进的过程，大自然不会跳跃式发展，而是在相当长的一段时间里一小步一小步地积累，最终完成重大的改变。事实上，达尔文认为渐进主义是自然选择驱动下进化的基本原则，所以就把它作为检验理论的一种方法，并写道："如果有人能证明，现有的某个复杂器官不可能是经过无数连续的微小改进而形成的，那我的理论绝对会崩溃。"

动物学家圣乔治·米瓦特（St. George Mivart，1827—1900）可能是

受到神话中那位与他同名的屠龙英雄①的激励，反复地从这个方面对达尔文的理论进行攻击。他提出，在以前的一些哺乳动物祖先身上所出现的早期乳腺一定发育得很不完全，所以对幼崽来说是毫无用处的："有没有可能某种动物的幼崽曾经因无意中从母亲异常肥大的某个皮腺中，吸取到一滴几乎没什么营养的液体，而免于毁灭呢？"如果真有这样的幼崽，那这个问题就说不清楚了。

年轻的米瓦特起初是达尔文理论的支持者，不过虽然他一直勉强算是进化论者，但他的宗教信仰后来促使他对自然选择的普遍性，以及缺少有关上帝进行任何形式的设计或指导的理论产生怀疑。1872年，当达尔文开始撰写《物种起源》的第六版，也就是最后一版时，他发现有必要在全新的一章中，用大部分篇幅来回应米瓦特的各种批评。达尔文在书中写道："乳腺在整个哺乳纲中是普遍存在的，并且是它们生存所必需的，因此乳腺一定是从极其久远的时期开始进化而来的……"但达尔文接着说，米瓦特在质疑发育不完全的乳腺对于后代的作用时，有失公允，因为这样的器官已经在鸭嘴兽身上发现了，它们的幼崽会直接从母亲的皮肤上吸取乳汁。皮肤上并没有乳头，因此鸭嘴兽的幼崽做到了米瓦特所说的不可能发生的事。

鸭嘴兽属于一类奇特的卵生哺乳动物，即单孔目动物，人们普遍认为单孔目动物和早期的哺乳动物很像。鸭嘴兽仅分布在澳大利亚的野外地区，白天躲藏在深洞中，夜间才外出活动。1872年，它们产卵的说法还只是一个未经证实的传言。如果达尔文在当时就确切地知道鸭嘴兽不

---

① 此处指基督教著名圣人圣乔治，他因成功杀死利比亚地区的一条毒龙而深受爱戴。——译者注

仅有发育不完全的乳腺而且还能产卵的话，那他肯定能更有力地提出，这种动物是孑遗种，代表着从哺乳动物的产卵祖先到后来乳房结构功能完善的物种之间的过渡阶段。

正如达尔文所猜想的那样，乳腺在解剖学上与在皮肤上毛发基部发现的汗腺很相似，几乎可以肯定的是，乳腺就是在进化过程中特化后的汗腺。他提出的泌乳现象起源于远古时代的观点也是正确的，遗传学和生物化学证据表明，泌乳功能的历史可以追溯到约 2 亿年前，比第一批哺乳动物出现的时间要早得多。证据就是，包括鸭嘴兽在内的所有物种产的奶都含有相同基因控制的多种相同的基本成分。只有当所有的哺乳动物都是从一个共同的祖先进化而来的时候，才会出现这种情况。由于这种复杂的过程本身也必须要有足够的时间来完成进化，所以泌乳功能起源的时间一定远远早于 2 亿年前。尽管这听起来有些自相矛盾，但就像鸟蛋出现在鸟类之前一样，乳腺和乳汁也出现在哺乳动物之前。

哺乳动物的乳汁是一种独特的液体，具有两种相互依存的功能：为幼崽提供营养和保护它们。营养来自乳汁中的蛋白质、脂肪、糖类（乳糖）、钙和其他矿物质。而保护则是由具有抗菌作用的各种抗体和酶提供的。这些成分在初乳（哺乳动物的新生幼崽第一次吃到的母乳）中的含量尤其丰富，因此初乳中同时还含有来自母亲的免疫细胞。

与其说奇怪，不如说是很令人惊讶的一点是，乳汁中所含的碳水化合物全都是以不常见的乳糖的形式存在的，而不是所有细胞都可以通用的葡萄糖。为什么哺乳动物要给自己的幼崽喂食一种必须先经过消化才能被利用的碳水化合物呢？如果乳汁能像高能的葡萄糖饮料那样可以在短时间内提供能量，对幼崽难道不是更好吗？而答案可能是，乳糖的独特性能够带来葡萄糖无可比拟的优势。世界上到处都是渴望得到葡萄糖的细菌和酵母菌，而只有少数几种细菌能够利用乳糖。想象一下，如果乳腺被细菌或者酵母菌感染，将会给母亲和幼崽带来怎样的灾难。事实上，啤酒酿造者正是利用酵母菌无法发酵乳糖的优点，在啤酒中加入乳糖增加甜度，制成一种被称为"牛奶世涛"的啤酒。如果改用葡萄糖或者蔗糖的话，酵母菌就会把它们都变成酒精。

给幼崽喂食这种不常见的糖类会带来一个问题，那就是幼崽还需要有一种不常见的酶把它分解成可用的形式。哺乳动物幼崽的消化道里有一种酶能做到这一点，叫作乳糖酶。随着幼崽的成长和断奶，乳糖酶的合成量不断减少，然后完全降为零，因为个体已经不再需要它了，乳糖在成年个体吃的食物中并不存在。因此，尽管成年哺乳动物靠母乳中的乳糖长大，但它们通常是无法消化乳糖的。在正常情况下，成年人也是无法消化乳糖的。如果你对乳糖不耐受，并且食用了未经发酵的新鲜牛奶，那么就会腹泻和肠胃痉挛，因为你肠道里的细菌会拼命地摄入乳糖，从而使肠道内充满气体。如果你对乳糖有耐受性，那么你就携带着能使乳糖酶的合成一直持续到成年的等位基因，而至于这种变异是如何产生和传播的，就属于你自己的家族史了。

大约在1.1万年前，西南亚地区第一批驯化牛羊的种植者们可能在给牲畜挤奶的同时，还要食用它们的肉。然而，成人是不会喝奶的，因为第一批种植者和他们如今生活在西南亚地区的后代一样，都对乳糖不耐受。事实上，他们会把鲜奶制作成酸奶，直到今天，这个地区的人们仍然在沿用同样的做法。酸奶是通过将从起子培养物中获得的乳酸菌（LAB）混入鲜奶中制成的。乳酸菌拥有一种大多数细菌，甚至在我们自己的细胞中都没有的罕见能力，能够把乳糖当作能量来源加以利用。乳酸菌在分解乳糖时，会产生乳酸，也就是乳酸菌生长过程中产生的废物。由于将鲜奶发酵成酸奶的乳酸杆菌把乳糖都耗尽了，所以酸奶对于乳糖不耐受的人来说是很安全的。

酸奶的制作利用了鲜奶的几个特性，而这些特性的形成与鲜奶作为幼崽食物的功能有一定的关系。鲜奶中的蛋白质有两种类型，分别是在鲜奶被酸化时会沉淀成凝乳的酪蛋白和依旧留在溶液中的乳清蛋白。单个的酪蛋白分子是由细小的纤维聚集而成的胶束的结构，有点儿像纳米级的圆形毛球。当酪蛋白胶束在鲜奶中保持悬浮状态时，会散射光线，使奶呈现出白色，不过当它们从悬浮液中被移除后，留下来的乳清就会变得清澈。

鲜奶被酸化后，处于悬浮状态的酪蛋白会变成固体凝乳，这对母亲和幼崽来说都是一种适应性功能。这样不仅保证了乳汁可以通过乳腺顺畅地进入幼崽体内，还能在乳汁接触到幼崽胃里的酸性环境时，确保酪蛋白会沉淀。这是很有必要的，因为酪蛋白需要好几个小时才能被消化，而如果它一直处于悬浮状态，就可能会流失。相比之下，留在溶液中的乳清蛋白消化起来就要更容易和更快速一些。

奶酪制作者利用的也是乳酸菌发酵，因此这样制作出的奶酪也是不含乳糖的。奶酪制作者还会利用来自小牛胃里的凝乳酶，来降低酪蛋白胶束的溶解性，从而帮助它们沉淀。包括蓟在内的某些植物也可以合成凝乳酶，因此成为这种酶的替代来源。

在考古遗址发现的陶器碎片上残留的奶渣表明，7 000 年前，整个西南亚地区就已经广泛地食用乳制品了，尤其是在有人放牛的地方。尽管我们无法确定在那些年代最早的陶器中存放的是什么乳制品，但很可能是酸奶而不是奶酪，因为后者出现的时间相对较晚。人们发现的奶酪制作设备比第一批用于储存乳制品的陶器晚了约 1 000 年。之后，在大约6 000年前，出现了一种有很多小孔的新型罐子。在这些罐子的碎片上有乳脂残留物，这表明它们曾被用作过滤器，将富含脂肪的凝乳从含有乳糖的乳清中分离出来，用于制作凝乳酪。

和在西南亚地区发明了乳制品的人一样，欧洲最早的新石器时代的种植者在成年后也对乳糖不耐受。不过，大约7 500年前，在中欧的高加索山脉地区出现了一次乳糖酶持续性的突变。这次突变使得携带这种基因的成年个体对乳糖有了耐受性，并且迅速传遍了北欧地区，对于有欧洲血统的人来说，不管他们现在生活在哪里，这都是进化过程中的一份珍贵遗产。比如在犹他州，就有90%以上的成年人口是乳糖耐受者。

为什么乳糖酶持续性的突变会在欧洲如此迅速地传播，却没能在乳制品最早的发源地出现和传播呢？我们先来回答这个问题中相对更加容易的第二部分。起源于西南亚地区的凝乳酪和酸奶的制作技术去除了鲜奶中的乳糖，从而使乳糖不耐受者在享用乳制品的同时，不会遭受任何的不良影响。因此在以这种方式摄入鲜奶的人群中，即使出现了一种使乳糖酶具有持续性的基因突变，携带它的个体也不会获得任何进化上的优势，所以这种突变也就不会被传播出去。这就是如今在牛乳制品起源地的西南亚地区，人群中出现产生乳糖酶持续性的等位基因的概率，几乎和没有乳制品加工传统的远东地区一样低的原因。剩下的问题就是，为什么乳制品制作技术没能阻止乳糖酶持续性在欧洲的进化。

乳糖酶持续性地从中欧地区向北快速扩散，这是人类中已知的最能体现正向自然选择的一个例子。根据乳糖酶持续性等位基因的传播速度来估计，它一定比正常的等位基因具有高出15%的优势。但这只能解释它是如何传播的，而不能解释为什么会传播。尽管有进化方面的证据表明乳糖酶持续性有很强大的优势，但事实证明，要彻底搞清楚鲜奶的营养价值却是出奇地困难。比如，有人提出鲜奶中有必需的维生素 D 和钙，或者在作物可能常常歉收的北欧地区，被当作应对饥荒的食物。

在了解许多进化事件（包括生命本身的起源在内）时的一个难点，就是它们有可能是独一无二的，这就让人很难区分因果和巧合。而在乳糖酶持续性的例子中就没有这样的问题，因为它已经进化了好几次。在沙特阿拉伯人身上，我们也发现了产生乳糖酶持续性的基因，尽管导致这种情况的突变与欧洲的那一次不同，但二者都与同一个基因有关。虽然在沙特阿拉伯没有奶牛，但过着游牧生活的贝都因人会饮用骆驼奶，在阿拉伯沙漠干旱的环境中，骆驼奶的含水量和营养价值很可能在乳糖酶持续性的进化过程中产生了重要的影响。在东非，被当作饮用水的鲜奶可能也在大自然对于乳糖酶持续性的选择过程中发挥了作用。在这个地区，有三个等位基因使得坦桑尼亚、肯尼亚和苏丹的牧民能够饮用自家的牛产出的牛奶。发生在东非的这三次突变都是相互独立的，和在欧洲和沙特阿拉伯发生的突变也是不相关的，这也就是说总共至少有 5 次相互独立的乳糖酶持续性的进化实例。在全球范围内，约有 1/3 的人口对乳糖有耐受性，而我们这些剩下的人真是太不走运了。

如果牛奶是哺乳动物能获得的最天然的食物，那么相比之下，奶酪可能就是加工程度最高的食物了。我们吃的其他所有东西，不管经过多么严格的培育，在自然界中都是有"近亲"的。奶酪的不同之处就在于，它不是某一个，甚至某两个物种的产物，而是一个由几十种细菌和真菌组成的微观世界。从生物学角度来说，一块奶酪就是一个微生物群系或者微生物群落。在自然界中发现的与之最接近的微生物群系位于土壤中，那里也有丰富的真菌、细菌和其他微生物，它们以枯枝落叶和彼此为食。

平价DNA测序的快速发展使得在微生物群系中对各种各样的细菌和真菌进行身份确认的工作变得简单多了，结果就是，如今研究奶酪菌群的科学家们完成新发现的速度之快，达到了自维多利亚时代那些带着12毫米口径的枪和捕虫网的博物学家首次进入亚马孙雨林以来从未有过的水平。比如，在一项针对爱尔兰奶酪的小调查中，科学家就发现了5个以前在奶酪中从未见过的细菌属。从生物多样性的角度来说，这相当于你坐下来吃饭的时候，发现除了人类之外，你还要和南方古猿、黑猩猩和大猩猩一起分享奶酪拼盘。

奶酪中的一些微生物，比如软质干酪中的霉菌沙门柏干酪青霉（*Penicillium camemberti*）是从来没有在其他地方被发现过的，它们的祖先原本生活在土壤和粪便里，或者在奶酪制作者的皮肤上，之后在奶酪这个专门的栖息地中完成进化。其他微生物的进化起源则更为奇特，比如在很多洗浸乳酪的外皮里发现了来自海洋环境的细菌。这些细菌可能是在奶酪制作者用海盐处理产品的过程中，随海盐一起从海洋跳到了乳制品中。

被用于制造马苏里拉奶酪和酸奶的嗜热链球菌（*Streptococcus thermophilus*）是一种有重要商业价值的乳酸菌。这种无害的微生物和令人讨厌的导致链球菌性咽喉炎和肺炎的链球菌属物种是从同一个有致病性的祖先进化而来的。食用马苏里拉奶酪和酸奶是很安全的，因为在适应鲜奶环境的过程中，嗜热链球菌产生的突变使得那些使其近亲产生危害的基因失去了效力。

人们发现短尾帚霉（*Scopulariopsis brevicaulis*）这种奶酪霉菌不仅存在于乳制品中，还出现在皮肤上、土壤里、麦秸里和更格卢鼠储存在颊囊里的种子中。相比之下，它的近亲念珠帚霉（*Scopulariopsis candida*）似乎与奶酪环境结合得更为紧密，但有人也在一本书的书页里发现了它。科学上并没有关于念珠帚霉到底是更喜欢小说还是非小说作品的记载。

与只存在于奶酪中的沙门柏干酪青霉形成鲜明对照的是，在罗克福奶酪上形成蓝纹的娄地青霉（*Penicillium roqueforti*）是一个随处可见的"流浪汉"。人们在青贮饲料（即发酵后的草）、法式甜面包、蜜饯、木材和草莓冰沙里，以及冰箱的内壁上，都发现了这种独特的真菌。尽管很多不同的国家都出产蓝纹奶酪，但全都是用某一种娄地青霉进行制作的。通过对法国的罗克福奶酪和奥弗涅蓝纹奶酪、意大利的戈尔根朱勒干酪、丹麦青纹奶酪和英国的斯提尔顿奶酪样品中的霉菌基因进行对比后，人们发现每种霉菌之间都有明显的差异，这表明娄地青霉是在蓝纹奶酪的各个产区由野外品种独立驯化而来的。如果你想给一起吃晚餐的客人出一个有关奶酪的谜题，那不妨问他们，蓝纹奶酪和猪有什么共同点。除了两者都富含脂肪，而且美味可口之外，娄地青霉和猪都被驯化过很多次。

制作奶酪的第一步就是用所谓的乳酸菌起子（SLAB）将鲜奶中的乳糖转化为乳酸，通过模拟哺乳动物幼崽胃里的酸性环境，促进凝乳的沉淀。用传统方法制作手工奶酪时，通常使用的未经消毒的奶中含有数百种细菌，其中就包括乳酸菌起子，这些细菌会使奶酪制作的过程自然而然地开始。在工业化的奶酪生产过程中，必须要在所使用的巴氏灭菌奶中加入发酵型乳酸菌。接下来要发生的事情将取决于鲜奶中的细菌和真菌，以及这个微生物群落的发展情况。

奶酪制作者可以利用4种主要的手段来控制奶酪中微生物群系的发展，从而决定最终的产品风味。他们可以直接添加某些微生物，比如娄地青霉或者沙门柏干酪青霉，控制奶酪所处的环境温度，控制其有效的水分含量（通常的手段是加盐），或者调整储藏时间的长短。在奶酪制作者设定好这些基本的环境参数后，其余的工作就都由微生物来完成。在SLAB中，有一位主要成员称为乳酸乳球菌（*Lactococcus lactis*），它能将凝乳中的酪蛋白分解成100多个不同的片段，从而让奶酪拥有独特的风味和香气。

令人惊讶的是，尽管乳酸乳球菌在奶酪制作过程中的作用非常关键，但它的野生祖先似乎缺少那些对于所有生活在鲜奶中的微生物来说都必不可少的基因。原始的野生型乳酸乳球菌存在于植物体内，而且既没有分解乳糖所需的乳糖酶基因，也没有分解酪蛋白所需的基因。我们通常认为进化是一个缓慢的过程，但是当选择压力很大，世代时间很短时，变化发生得就会非常快。正是这两个条件促使乳酸乳球菌中的"尼尔·阿姆斯特朗"（Neil Armstrong）率先进入新的世界，并由此确定了它在自然界中的地位。尽管有传言称这位"尼尔·阿姆斯特朗"的着陆点是用奶酪做的，或许事实不尽如此。或许在一个不为人所知的夜晚，最早踏上冒险之旅的细菌很可能进入了鲜奶。那么第一株乳酸乳球菌是如何把牛奶变成奶酪的呢？

在微生物的进化过程中，除了快速增殖很重要以外，还有另一个过程也同样重要，那就是水平基因转移，这种现象在细菌中非常普遍，但在多细胞生物中则罕见得多。我们印象中正常的遗传过程发生在基因垂直传播的时候，也就是从父母到后代的传递。这也是几代人之间具有相似之处的原因。水平基因转移是指DNA在同代个体之间的传递。这就好比一个对乳糖不耐受的人，上了一辆很拥挤的公共汽车，在乳糖耐受者的陪同下坐了6站，下车后他就拥有了消化鲜奶的能力，而且能够通过垂直遗传将这种能力传给子孙后代。不管你在公共汽车上坐多少站，这样的事都不会发生在你身上，不过你有可能从某位同行的乘客那里感染上病毒，这和在细菌之间发生的水平基因转移完全不是一回事。

病毒能够将它们的遗传物质（DNA 或 RNA）注入细胞，然后强行控制细胞内用于 DNA 复制的结构，制造出更多的病毒。而被称为质粒的 DNA 片段也能以类似的方式进入细菌细胞，赋予受体新的基因和新的能力。看起来有些自相矛盾的无法合成乳糖酶的乳酸乳球菌正是以这样的方式获得了在鲜奶中生存所需要的基因。乳酸乳球菌很可能是在牛的肠道中获得了质粒，而提供这些有用基因的"同行乘客"一定是在基因方面已经有能力发酵鲜奶的其他细菌，而且说不定在这头牛还没断奶的时候就已经在发挥作用了。

我知道，有关乳酸乳球菌如何得到让它在鲜奶中华丽升级的基因的这个故事，听起来就像是鲁迪亚德·吉卜林想象出来的某一个"原来如此的故事"一样，但是我亲爱的读者们，这并不是寓言，因为这个过程的关键环节已经在实验中得以重现。科学家从豆芽中分离出乳酸乳球菌，并将其与牛奶混合。几个小时后，从经过处理的牛奶中提取样本，并将其加入鲜奶中开始新一轮的培养。科学家对总共 1 000 代的细菌进行了相同步骤的处理，耗时约五个月。在实验结束时，乳酸乳球菌已经可以发酵乳糖和降解酪蛋白了，就像生来就在鲜奶中的那种乳酸乳球菌那样，事实上这个时候它们已经变成后者了。

细菌不仅进化出了在鲜奶中生存的能力，还失去了一些它们原有的生活方式所需的基因。它们无法再发酵植物体内所含的那些糖，也不能合成它们以前为满足自己的需要而生产的一些氨基酸。植物中的糖已经被乳糖所取代，尽管氨基酸仍然是必需的，但现在可以通过分解乳蛋白来获得，这就使得以前用来合成它们的细菌基因显得有些多余。如果达尔文看到这个实验结果，肯定会非常高兴，因为在《物种起源》中，他花了好几页的篇幅来讨论废用将如何导致以前重要的功能丧失。他对这种变化背后潜在的遗传原理一定非常感兴趣，因为我们现在所熟悉的这个课题在1859年还从未有人提及。

当奶酪培养菌中的SLAB耗尽所有的乳糖，并且改变了奶酪的化学组成时，其他细菌和真菌就会大量繁殖和生长。这些微生物的活动会带来更多的变化，随着微生物群系的发展，奶酪的风味会更加丰富多样。比如，在像埃曼塔奶酪这样的瑞士奶酪中，乳酸菌产生的乳酸可以为丙酸菌（PAB）提供能量，而丙酸菌会让这种特定的奶酪有一种与众不同的坚果味。实际上，作为废物的乳酸如果不断积累，会抑制乳酸菌的生长。瑞士奶酪中的丙酸菌可以分解和减少乳酸，从而促进了乳酸菌的生长。乳酸菌和丙酸菌之间是一种互利共生的关系。

在进化生物学领域，对于互利共生问题的研究具有很重要的理论意义，因为它挑战了自然选择仅以利己为目的的观念。受自私的基因影响的个体该如何合作呢？从理论上讲，这种关系很容易演变为欺骗，也就是个体会利用他人的合作行为，只索取而不给予，导致互利共生关系破裂，甚至根本就不会开始。瑞士奶酪中乳酸菌和丙酸菌之间的共生关系展示了一种解决这个问题的方法。在这个例子中，由于丙酸菌是靠乳酸菌的废物生存的，所以它们之间的共生关系是很稳定的，也不可能出现欺骗。

其他乳酸菌之间的共生关系则更加复杂。嗜热链球菌和保加利亚乳杆菌（*Lactobacillus bulgaricus*）在酸奶发酵过程中共同协作，分别产生出能刺激对方生长的物质。由于嗜热链球菌已经失去了分解乳蛋白所需的基因，所以这种细菌只能依赖保加利亚乳杆菌所释放的氨基酸和肽。

而保加利亚乳杆菌则会利用只能由嗜热链球菌产生的多种有机酸。与乳酸菌和丙酸菌之间的共生关系不同的是，这两种微生物之间交换的物质并不是废物，那么这样的合作关系是如何开始的呢？

要理解细菌之间合作关系的形成，关键是要知道这些单细胞生物都是有漏洞的，所以一定数量的对其他细胞有益的必需资源会不可避免地被释放到环境中。因此，单个的细菌很有可能选择以其他细胞合成的必需资源为食，从而省去了自己合成这些资源要付出的能量成本。而节约下来的能量可以被用在能提高繁殖率的其他功能上，从而给这种细菌带来优势。

也就是说，某个突变（比方说剔除了分解蛋白质所需的基因）即使会让先前至关重要的某项功能失效，也还是会给携带新突变的个体带来优势。缺失的功能现在由另一种细菌提供，而突变体节省下来的资源会被很好地利用。现在想象一下，同样的过程也发生在另一种细菌身上，不过影响的是另外一种必要分子的合成，如果这样的话，我们就得到了一对相互依存的细菌。这完全是通过自然选择对能够提高单个细菌繁殖率的特性施加影响而实现的。这种合作是以互利互惠为基础的，而不是自我牺牲。

奶酪中不仅有合作者，也有竞争者。乳酸乳球菌和其他乳酸菌会合成一种被称为细菌素的小分子蛋白质，尽管这种物质对于其他细菌有害，但它们自己则不受影响。尽管细菌素已经变成了细菌间斗争的武器，但也顺便在奶酪制作的过程中发挥了重要的作用，因为它们可以阻止那些使食物变质的细菌在产品中大量繁殖，这样有利于稳定奶酪群落中的细菌组成。事实上，为防止再制奶酪变质而加入的一种叫作乳酸链球菌素的食品添加剂原本就是一种乳酸菌中分离出的细菌素。

　　参与奶酪制作的真菌，也拥有对抗奶酪中其他微生物的化学武器。两种存在于奶酪中的青霉菌，即蓝纹奶酪中的娄地青霉和软干酪中的沙门柏干酪青霉有相同的 DNA 片段，其中包括能产生可以杀灭酵母菌的某种毒素的基因，还有另一种会产生抗真菌蛋白的基因，以及一种被认为有抗菌作用的基因。在奶酪之外的地方发现的娄地青霉菌株中是不含这组基因的，从而表明奶酪中的娄地青霉是通过多次的水平基因转移，从奶酪菌群中的其他真菌那里获得了这些基因，不过目前我们还不知道这种真菌是什么。

　　值得注意的是，尽管奶酪菌群非常复杂，但只要一开始的原料没有问题，奶酪制作者所采用的 4 种控制方法就足以让同一类型的奶酪一次又一次地被复制出来。奶酪制作传统所创造出的微生物群系尽管在自然界中并不存在，但却和自然界中任何其他的微生物群系一样稳定。而在奶酪菌群中产生的细菌素、抗生素和互利共生现象正是通过稳定菌群的结构，促成了奶酪的这种可复制性。

　　牛奶是我们最天然的食物，但矛盾的是，在自然界中找不到等效物的奶酪却是人造痕迹最重的食物。"人造"这个词在被用于形容食物时，常常带有贬义，不过奶酪却表明与美食有关的奇技与妙想并没有什么可怕的。那些在进化过程中，从来没有在与人类相互熟悉的过程中被人为改造过的食物，很可能是不能食用的。牛奶和奶酪完美地说明，我们自己的进化过程和我们所吃的东西的进化过程是相互依存的。在牛和骆驼被驯化后，乳糖酶持续性基因就迅速出现在欧洲、东非和沙特阿拉伯地区。直到 6 000 年前，新的细菌和新的微生物群系才开始从微生物界被带到乳制品中。同时，我们还受惠于微生物界的另一种发酵产物，而且它在进化上的根源要比奶酪更加深厚。现在是时候开几瓶酒了。

饮品

酒——陶醉

人类、酒精和酵母之间的亲密关系远不只是一次醉酒那么简单。酵母会从葡萄和谷物中像变戏法一样变出一种微小的酒精分子，也就是乙醇，它拥有像致幻性药品一样强大的影响力。它能够使人情绪高涨或低落，启迪或迷惑人的心智，在催情的同时又会抑制某些功能，还会诱发攻击性和睡意。要是有这样一位放浪不羁、天马行空又让人痴迷的尤物出现，又如何不让情人着迷、疯狂，又甘愿成为奴隶呢？

　　酒精对于人类的吸引力是深入骨髓的。它之所以会对我们产生如此大的积极或消极的影响，就是因为我们对乙醇这种毒素已经产生了耐受性。就这一点来说，酒精和其他致幻类药物还是有区别的。鸦片、大麻和可卡因通过模仿神经系统中的天然物质，而对大脑产生影响。而产生鸦片制剂、大麻素和可卡因所需的植物是在与食草动物的军备竞赛中进化出这些作用于精神的化合物作为武器的。这些物质只是碰巧影响到了我们，因为所有动物大脑的化学成分都很相似。海洛因成瘾者是在罂粟和毛毛虫的斗争中受害的旁观者。

　　相比之下，在人体的新陈代谢中，并没有在功能上与乙醇这种毒素等效的成分。尽管像士的宁或砷这样的毒药也是如此，但如果乙醇只是一种毒素，那么葡萄酒、啤酒和烈酒就会成为被锁在药店毒物柜里鲜为人知的调制品了。酒精和其他毒药的区别在于，我们从很久之前就开始接触食物中的乙醇了，因为类人猿的"拿手好菜"就是水果鸡尾酒。水果不仅是黑猩猩的主要食物，也一定是500多万年前，我们与黑猩猩的共同祖先饮食中的重要组成部分。哪里有成熟的果实，哪里就有酵母，而哪里有酵母，哪里就有酒精。我们既是类人猿（great ape），也是"葡萄猿"（grape ape）。

成熟葡萄表面的果霜里含有一层微生物，它们包裹着果实，就像是一支实施围攻的军队在堆满补给的堡垒周围安营扎寨。当人们收获这些浆果，并且为了发酵而把它们都弄碎的时候，待发酵葡萄汁中的真菌和细菌就有上百种。和成熟的奶酪菌群中的情况一样，葡萄原汁在发酵的时候，各种微生物也呈现出此消彼长的态势，相互争夺着以各种形式存在的碳水化合物，并利用废物相互毒害。在这个过程中，最重要的养料是糖，而产生的有毒的副产品主要就是乙醇。

在葡萄发酵的过程中，最后获胜的微生物通常都是酿酒酵母（*Saccharomyces cerevisiae*），即使在酿酒师没有刻意添加这种微生物的情况下也是一样，酿酒酵母能在分解糖和产生酒精的过程中击败所有的竞争者。在葡萄酒酿造过程中发挥配角作用的十几种较次要的酵母的名字都很好听，比如德克拉、毕赤和克勒克，但大多数最终都会被酿酒酵母产生的浓度不断升高的酒精所打败，因为只有酿酒酵母才能在这样的环境下生存。

由于酿酒酵母的核心作用，所以发酵饮料进化史的起点并不是一万年前葡萄或谷物被驯化的时候，也不是20万年前现代人出现的时候，甚至不是 1 000 万年前类人猿开始分化的时候，而是在白垩纪时期的 1.25 亿至 1.5 亿年前，出现能结果的开花植物的时候。现代酿酒酵母的祖先也就是从这个时候开始，以果实中的糖为食，并进化出在空气中将其转化为乙醇的能力，为开创新纪元的饮料业和面包店里赚钱的副业奠定了遗传基础。

酿酒酵母将糖转化为乙醇的奉献行为，实在是一件很让人费解的事。为什么不像其他酵母一样，把糖直接用于生长，而要把能量浪费在合成乙醇上呢？答案就是我们之前提到过的，酒精是一种可以阻止其他酵母和细菌消耗糖类的武器。酿酒酵母利用一种叫作醇脱氢酶（ADH）的物质来产生乙醇。在距今约 8 000 万年的时候，编码这种酶的 *ADH* 基因经过复制，产生了两种在现代酿酒酵母中都存在的 *ADH* 基因。在构成整个蛋白质的 348 个氨基酸中，尽管两种 ADH 酶之间不相同的只有几十种，但产生的效果则完全相反。由 *ADH1* 基因编码的酶能够合成乙醇，延续了最早出现的乙醇脱氢酶的功能。而由 *ADH2* 基因编码的酶则会把酒精转化为乙醛，后者将被用于酵母自身的代谢。

原始 *ADH* 基因的复制在进化史上是一次重大的突破。在单基因时期，酿酒酵母的生存策略可以称得上是"以邻为壑"，让竞争者挨饿和中毒的乙醇是以它牺牲自己的一部分糖类供应为代价而产生的，原因就是糖类转化为酒精是一个不可逆的过程。*ADH2* 基因的出现和能将 *ADH1* 基因产生的乙醇转化为乙醛的能力引入了一种"生产—累积—消费"的新策略。现在，乙醇既是武器，也是食物储备。由于将乙醇转化为乙醛的反应需要氧气，所以如果你想阻止酵母利用 ADH2 消耗乙醇导致 ADH1 所有的工作成果都付之东流的话，就必须要将发酵罐里的空气排干净。

酿酒不过是在水果腐烂时发生的自然发酵的驯化版本。偶尔混合着酒精的水果是我们灵长类祖先的主要食物，而我们对乙醇的耐受性以及对酿酒的兴趣都来源于这种饮食习惯。这个假说直到最近还仅仅是推测，但目前的基因证据表明我们离真相已经很近了。人类酒精耐受性的来源是老朋友醇脱氢酶在人体中的变体，确切地讲就是ADH4。当肝脏中的酒精浓度很高时，ADH4就会开始代谢酒精。通过再现编码ADH4的基因的进化过程，人们发现所有嗜酒的灵长类动物共有的这位珍贵朋友是在距今1 300万年到2 100万年的某个地方突变成了现在的样子。猩猩和人类最后的共同祖先大约就生活这个时期。永远不要给猩猩喝啤酒，它们不会为此感谢你的。不过，与我们亲缘关系更近的大猩猩却和我们携带着一样的*ADH4*变异，我希望你能冷静地思考一下是不是真的要去和它们喝酒。

尽管*ADH4*突变只改变了酶的蛋白质序列中的一个氨基酸，大约相当于在这本书的两三页上只改了一个词，但却使其分解酒精的能力提高了40倍。这种变化可以带来两个不同方面的优势。首先，在我们的进化史上，这种改变发生的时期正值人类故乡非洲的气候变得越发干燥时，灵长类动物正在适应树木更少但草原更多的环境，所以可能会花更多的时间待在地上。从地上捡来的水果可能比从树上采摘的水果腐烂得更严重，含有更多的乙醇，这就使得*ADH4*突变成为一种有用的创新。我个人很喜欢一种观点，人类用在树上晃荡的机会换来了在酒吧里消磨时间的机会，但体现树栖时间变短对于*ADH4*进化很重要的依据完全是推测的，很难验证。

*ADH4*突变带来的第二个优势可能要比第一个更容易评估。拥有一种高效的酒精解毒酶可以增加食物的供应，不仅是因为腐烂的水果现在

也可以安心食用，还因为酒精本身就是一种富含能量的食物。乙醇能提供的热量几乎是等量碳水化合物的两倍，因此所有那些有关液体午餐（指把酒当饭吃）的笑话都是有可靠根据的。当然，从医学上讲，这些笑话都有相对阴暗的一面，生物学家罗伯特·达德利（Robert Dudley）认为，人类对酒精的喜爱以及酗酒的根源都在于我们的祖先以水果为食。*ADH4*的进化过程自然也支持了这样的观点，我们适应了酒精，但这并不能解释为什么有些人会沉迷其中，而另一些人则不会。

在使用酒精和酗酒易感性的问题上，不同的人以及文化之间有非常明显的差异。其中某些差异的遗传基础是另一种被称为ADH1B的醇脱氢酶。人们发现，编码ADH1B的基因所发生的突变在中国和日本出现的频率很高，当地有75%的人口都拥有至少一份被称为*ADH1B*2*的等位基因的拷贝。在西南亚地区，有1/5的人携带着同样的等位基因，但在欧洲和非洲则很少有这样的人。拥有*ADH1B*2*的人比其他人更不容易喝很多的酒或者变成酒鬼。这乍看上去有些自相矛盾，因为这种突变使酒精的代谢速率提高了100倍。你一定还记得，在类人猿进化的早期，使ADH4酶的活性升高的*ADH4*突变使得我们对酒精有了耐受性，因此容易比以前喝得更多而不是更少。两种ADH酶都能将乙醇转化为乙醛，后者会引起恶心和头痛，并导致宿醉。那么，两个基因中发生的都能提高ADH效率的突变怎么会产生如此不同的结果呢？

原因就在于能让这两种酶起作用的酒精浓度是不同的。ADH4在酒精浓度高的情况下才会有效果，而ADH1B则是在酒精浓度低时才会有效果。正是由于ADH1B只能在酒精浓度低的情况下发挥作用，所以*ADH1B*2*等位基因合成的酶效率更高这个事实就会导致在第一口小酌之后，乙醛浓度激增，这是非常令人难受的。因此，拥有这种等位基因的人很少过量饮酒。此外，他们患某些类型的卒中和心血管疾病的可能性也明显低很多。相比之下，那些忽略了 ADH1B*2 带来的影响的人，或者是因为没有这种等位基因而大量饮酒的人在 ADH4 的帮助下，对酒精的耐受性会在习惯性的饮酒中不断增强，但如果他们真要这样做，必然是以牺牲健康为代价的。

把肝脏想象成一个将酒精转化为乙醛的容器。由于乙醛是一种有毒的物质，所以需要关注容器里乙醛的含量。容器中累计的乙醛总量受三种因素的控制：（1）有多少酒精进入血液，（2）酒精被 ADH 酶转化为乙醛的速度有多快，（3）乙醛的代谢速度有多快。这最后一步是由三种被称为乙醛脱氢酶（ALDH）的物质在肝脏中完成的。如果你的饮酒量适中，或者你体内的酶迅速地处理了酒精和乙醛，整个过程进行得很顺利的话，就不会有物质流回到血液中，你也就不会宿醉，但并不是每个人都这么幸运。

有些人携带的编码 ALDH 的基因所发生的突变会降低乙醛代谢酶的活性。目前已知的这种突变有两种，一种在北欧，另一种在东亚。后一种突变产生的等位基因出现的频率可能高达 40%。具有这种基因组成的个体，ALDH 的效果非常差，所以当他们饮酒时，乙醛含量会迅速积累。这种情况会导致的坏处是，饮酒几乎瞬间就会带来宿醉，但好处是，由于宿醉太让人讨厌，所以就算是仅有一份这种等位基因的拷贝的人也很少会成为酗酒者。对于那些从父母那里分别继承到一份拷贝，也就是有两份拷贝的人来说，他们会经历的宿醉是最严重的，因此要彻底避免对酒精产生依赖。

所以，如果你有东亚血统，那你不适合饮酒的可能性极大。这是因为你很可能拥有分别会提高 ADH1B 效率和降低 ALDH 效率的两种等位基因，如果你喝酒的话，体内的乙醛就会迅速积累。由于前一种酶能调节乙醛生成的速度，而后一种酶则会影响乙醛分解的速度，所以如果你同时拥有这两种等位基因，我赌你肯定是一个滴酒不沾的人。为什么这些等位基因在东亚要比在其他地方更加普遍的问题还有待调查，但可能与饮酒并没什么关系，因为ADH和ALDH也涉及新陈代谢的其他方面。

有些食物在喝酒的时候食用会产生不良的效果，因为它们会影响乙醛的生成或分解。墨汁鬼伞（*Coprinopsis atramentaria*）是一种真菌，只有在和酒一起被食用时才会产生毒性。这种真菌含有鬼伞素，它能使ALDH失去活性，导致人在喝酒后几分钟内就会遭受严重的宿醉。含有醇脱氢酶的食物也有可能会与酒精发生相互作用。制作某种软质奶酪时用到的一种乳球菌（*Lactococcus chungangensis*）中含有大量的ADH和ALDH。在实验中，当把这种奶酪喂给已经摄入酒精的小鼠时，小鼠血液中的酒精浓度会降低。尽管这种乳球菌并不是制作奶酪常用的一种细菌，但如果它流行起来，将会永远地改变葡萄酒和奶酪的派对，至少在小鼠中是这样的。

酵母、水果和灵长类动物在进化过程中长期的相互作用必然意味着，人类在学会培育植物时，不可避免地会导致一个结果——发酵饮料很快出现。事实上，人们常说第一批谷物并不是用来做面包的，而是用来酿啤酒的。啤酒不仅营养丰富，而且酒精发酵还能控制水源中可能存在的有害细菌。迄今为止，考古学家发现的最早证明人类饮用发酵饮料的直接考古证据，是在中国北部河南省贾湖村发现的新石器时代早期瓦罐中的大米、蜂蜜和水果发酵后的残留物。这种有着9 000年历史的酒是用葡萄或山楂制作的。尽管这是我们所知道的最早的一个例子，但它实际上不可能是第一例，即便在中国也不会是第一例。

中国有很多野生葡萄，但在欧洲只有一个品种，那就是欧亚种葡萄（*Vitis vinifera*），这种葡萄是几千年来被用于酿酒的各种驯化葡萄的祖先。野生葡萄尽管很少见，但从北非一直到莱茵河一带还是可以找到的。栽培植物与其野生祖先之间的差异体现在很多重要的方面。在野外，雄花和雌花会分别出现在不同的个体上，因此在所有的野生植株中只有一半会结葡萄，而雄花则需要参与受精和坐果的过程。驯化后的葡萄树上开的是两性花，包含雄花和雌花的生殖器官，因此每一株葡萄树都能结出葡萄。种植的葡萄个头更大，含糖量更高，坐果率也更高，葡萄串也比野生品种的大。

最早证明人类使用欧亚种葡萄制作葡萄酒的考古学证据来自伊朗北部扎格罗斯山脉的一个新石器时代的村落，人们在那里发现了一个距今7 000年的罐子，里面有葡萄和一种树脂的残渣，后者通常会被添加到葡萄酒中以抑制醋酸菌繁殖。在古代，人们用没药（一种干燥树脂）也是为了达到相同的目的，而如今香松味希腊葡萄酒的独特味道也来源于树脂。在这个遗址以北1 000千米的地方，也就是亚美尼亚阿雷尼村附近的高加索山脉上，人们在一个洞穴里有了令人兴奋的发现，这里有一个6 000年历史的用于压榨葡萄的场地。整个地面是倾斜的，上面还有一层用于减小阻力的黏土，一直向下伸入了凹罐的颈部。在场地周围还发现了其他适合发酵和储存葡萄酒的大罐子，还有早已变干的葡萄、葡萄皮和茎的残留物。其中一个罐子和地面上的收集容器中含有红葡萄的化学残留物。除了没有找到写着"公元前4 000年的红葡萄酒"的标签之外，所有的证据都清楚地表明，阿雷尼是已知的世界上第一座葡萄酒酿造厂的所在地。直到今天，阿雷尼人仍然在生产葡萄酒。伊恩·塔特索尔（Ian Tattersall）和罗布·德萨勒（Rob DeSalle）在纽约买了一瓶这样的酒，并在他们的著作《葡萄酒的自然史》（*A Natural History of Wine*）中这样描述自己品尝时的感受："鲜红的葡萄与黑樱桃完美结合，那种口感刚好可以留下一段挥之不去的记忆，让我们欲罢不能。"

尼古拉·瓦维洛夫提出，葡萄树最早是在高加索地区被驯化的，直到今天那里的野生葡萄树的产量仍然很高。我们原本希望利用今天的遗传学来确定葡萄第一次被驯化的时间和地点，但事实证明这是非常困难的，因为自从驯化开始以来，野生品种就一直在使它们分布范围内的驯化品种受精，模糊了首次驯化所有标志性的基因特征。因为葡萄栽培侧重的是一致性，所以会利用扦插法进行繁殖。从积极的方面来说，从野生品种慢慢进入到栽培品种的基因有助于在葡萄栽培遭受阻力时保持葡萄树的遗传多样性。

尽管有一些瑕疵，但遗传学还是印证了考古学中有关葡萄驯化的证据，即葡萄驯化发生在高加索地区，并在过去的一万年里，从那里向南扩散到新月沃土地区，又在距今 5 000 年的时候传到埃及，并从地中海附近地区向西进入欧洲南部，最后在 2 500 年前到达法国。根据一些研究葡萄树的学者的说法，在针对葡萄的遗传学分析中，有隐藏的证据表明，欧亚种葡萄分别在地中海西部和高加索地区被独立驯化，但在撰写本书时，这个问题还没有定论。

葡萄酒的神秘感和涉及产区的沙文主义非常强，以至于意大利撒丁岛、法国朗格多克区以及西班牙一些地区的人都声称葡萄的第二次驯化是在自己的故乡发生的，但没有一种说法能像格鲁吉亚人引以为傲的原始葡萄树生长在他们位于高加索地区的山寨中的结论那样站得住脚。这些原始葡萄树是所有的卷须都必须保持敬意的祖先。事实上，葡萄树就像人一样，都是由通过历史传递而来的基因、适应了某个地方的基因和环境对于个体的影响造就的。据估计，栽培的葡萄品种有一万个，所以欧亚种葡萄在多样性方面和我们人类还是很相像的，不过我们缺少一种葡萄树很擅长使用的进化技巧——克隆生长。

从古罗马时期开始，葡萄就一直是通过将所选择的葡萄品种的枝条嫁接到固定的砧木上来进行繁殖，这意味着所有属于某个特定品种的葡萄都是克隆的果实。人们还会通过杂交现有品种，在子代中进行选育，然后再利用嫁接进行无性繁殖，来培育新的品种。由于新品种的亲代通常是从当地现有的品种中挑选出来的，所以有亲缘关系的无性繁殖个体会聚集在一起。例如，在对西班牙北部种植的葡萄品种进行基因分析后，人们发现，它们彼此之间的亲缘关系都是很密切的。罗马帝国时代，酿酒用的葡萄树随着基督教的传播而被带到欧洲各地，提供用于圣餐礼的葡萄酒。衍生出西班牙品种的初生代克隆，似乎是从法国出发，穿过比利牛斯山脉，沿着通往西班牙的朝圣路线被带到圣地亚哥—德孔波斯特拉。

克隆个体偶尔也会自发地产生一种叫作芽变的突变枝条，发生突变的部位与植物的其他部分都是不同的。通过这种方式产生的葡萄品种取决于种植者所做出的选择，因为它们可以选择繁殖或者不繁殖突变枝条。被用于制作香槟酒和勃艮第葡萄酒的黑皮诺是一种古老而"高贵"的葡萄品种，它就是通过繁殖芽变这种方式进化出了多个新品种。仅在法国，被认可和记录在案的由黑皮诺产生的克隆体就有64种。葡萄克隆中发生的绝大多数突变都是由转座因子这一种特殊的DNA片段引起的。转座因子是DNA序列的延伸，可以在基因组中四处移动，并进行大量的自我复制。转座因子在葡萄基因组中的占比为40%，而在人类基因组的占比则达到了50%。

转座因子有时被称为跳跃基因，但它们并没有基本的编码蛋白质的功能。尽管如此，它们仍具有重大的进化意义，原因就在于当它们将自己插入功能性基因使其功能丧失或改变时所引起的突变。有一种会影响葡萄颜色的常见突变产生了许多新的黑皮诺克隆，如白皮诺和灰皮诺。而黑皮诺葡萄的黑色（事实上还有其他黑色或红色品种的颜色）都是由于一种叫作花青素的色素的存在。白皮诺、灰皮诺和其他白葡萄缺乏这种色素，就是因为某种转座因子引起的突变导致控制花青素合成的基因失效。

转座因子除了能进入功能性基因以外，也可以从中跳出来，从而逆转之前产生的影响。意大利白葡萄和亚历山大麝香葡萄正是通过这样的方式，在突变枝条中将基因功能得以恢复，从而衍生出红皮葡萄品种奥山红宝石和火焰麝香。产生白葡萄的克隆体有两份拷贝的白色（突变）等位基因，不过事实证明，大多数红色和黑色品种，如黑皮诺、西拉和梅洛中也有一份拷贝的白色等位基因。这表明，一倍剂量的花青素已经足够，两倍剂量的花青素就太多了。一种可能的解释是，色素合成的成本对于植物来说太高了，所以自然选择和人工选择，或是这两者都偏爱有一份拷贝的花青素合成基因被关闭的克隆个体。不过这一假说至今还没有得到证实。

嫁接这种方式原本是用来保持葡萄品种的遗传一致性（即基因型）的，却在19世纪60年代带来了另一个意想不到的好处。当时在法国南部出现了一种新的葡萄树病害，会导致葡萄叶过早地掉落，藤上的葡萄枯萎，以及树根腐烂。和每次突然爆发新病害时会发生的情况一样，最初人们很难弄清楚病因。从死去的葡萄树上也找不出它们的死因，直到蒙彼利埃大学的植物学教授朱尔斯·埃米尔·普朗雄（Jules Émile

Planchon）想到了检查受影响区域边缘那些仍然处于健康状态的植株根部，人们才知道罪魁祸首是谁。这些植株的根部挤满了像蚜虫一样的虫子，在吸吮着它们的汁液。

彼时，欧洲人对这种虫子仍然一无所知，普朗雄花了近10年的时间，努力破解这种昆虫复杂的生命周期，并最终发现其中至少包含18个阶段。与此同时，这种疾病一直在蔓延，席卷了整个法国的葡萄园，并在西班牙、德国和意大利出现。很快，密苏里州的昆虫学家查尔斯·赖利（Charles Riley）听说了这种正在摧毁欧洲葡萄园的昆虫，他想知道这和曾被报道过在纽约州的美洲葡萄树叶子上出现的昆虫是不是同一种。还有一个奇怪之处就是，在美洲出现的昆虫感染的是葡萄叶，而法国的昆虫却生活在根部。1871年，赖利来到法国，在那里他亲眼看到了这种虫子，确定在美国和法国出现的昆虫是同一个物种。这种昆虫就是我们现在所说的葡萄根瘤蚜（*Daktulosphaira vitifoliae*）。

赖利是达尔文的早期追随者，于是开始从进化的角度来看待葡萄根瘤蚜的问题。他推断，既然这种昆虫原产于美洲，那么当地的葡萄树应该已经进化出了抵御这种危害的能力。因此，解决欧洲葡萄根瘤蚜横行的办法，就是将欧洲的欧亚种葡萄品种嫁接到进口的有抗虫性的美洲砧木上，如河岸葡萄（*Vitis riparia*）。1873年，普朗雄在美国游览的时候，看到美洲葡萄园里都是欧洲移民种植的欧亚种葡萄，这些种植者徒劳地希望能再次酿造出自己家乡的葡萄酒。与这些注定失败的种植园形成鲜明对比的是，普朗雄看到被嫁接在得克萨斯州一种野生葡萄上的欧洲葡萄品种长势就很好。他意识到，与美洲本土的砧木进行嫁接是在美洲种植欧亚种葡萄的唯一途径。起初，法国人并不愿意相信最早出现这个问题的地区会提供什么解决的办法，但最终，与抗葡萄根瘤蚜的砧木进行嫁接的做法挽救了欧洲的葡萄酒产业和一些古老的品种。为了表彰赖利的贡献，法国政府授予他代表最高荣誉的法国荣誉军团勋章。

凭借着自己对于进化论的深刻认识，赖利还警告说，美洲的康科德葡萄（是由某个美洲品种与易感染病虫害的欧洲欧亚种葡萄杂交而来，而不是通过嫁接）可能会使葡萄根瘤蚜进化出一种能够攻击美洲品种的变异体。尽管在他生活的那个时代，康科德葡萄并没有感染这种病害，但一个世纪后，赖利的预言成真，如今在美国确实出现了一种专门生活在美洲康科德葡萄树上的葡萄根瘤蚜。

葡萄根瘤蚜危机导致欧洲欧亚种葡萄品种的遗传多样性遭受损失，因为并不是所有克隆的个体都通过被嫁接到美洲砧木上而得以保留。有一种被称为卡门内的红色葡萄曾一度被人认为已经永远消失了，不过多亏了19世纪法国葡萄树在世界各地的广泛传播，后来人们发现这种葡萄在没有葡萄根瘤蚜的中国和智利存活了下来。

人类对于酒精类饮品原料的进化过程的影响，并不局限于我们对于葡萄的改造。在酵母的基因组中也有人类为达到自己的目的而留下的标记。尽管酿酒酵母在世界范围内都有分布，但各地用于制作饮料的菌株是分别在每个地区由野外品种独立驯化而来的。用于酿造欧洲葡萄酒的酵母菌株全部都起源于地中海，尽管其中有些品种还出现在美国的葡萄酒厂中。日本清酒是利用酿酒酵母在当地的变种酿造的，中国的米酒、尼日利亚的棕榈酒和巴西的朗姆酒也是一样。这些酒中的酵母都是在当地的野生酵母种群中依据不同的目的而被分别驯化的，从而反复向我们证明，这个物种不管在哪里，都能很好地适应人类为它创造的生态位。

在探究世界各地所使用的驯化酵母都来自何处的过程中，科学家从野外、葡萄园和酿酒厂采集了样本，并且从野生样本中发现了酿酒酵母自然史中令人意想不到的一面。在地中海环境中，水果是一种季节性很明显的资源，因此，酵母在哪里度过这一年中剩余的时间，又是通过什么方式转移的问题始终是一个谜。如今，人们发现了全年生活在橡树树皮上，并且可能以树液为食的酵母。在欧洲黄蜂的内脏中也发现了酿酒酵母。黄蜂以成熟的葡萄为食，每到收获的季节，它们就会大规模地聚集在葡萄园中，在野生酵母种群和葡萄园中的酵母种群间建立起生态联系。大黄蜂体内的酵母菌种库是长期存在的，成体会为幼体提供营养，就这样代代相传。

如今，经过挑选的酵母菌株在被培养后，被添加到葡萄酒和啤酒中，与野生种群进行基因交换的机会降低了。然而，一些酿酒师和啤酒酿造者仍然在使用野生酵母。俄勒冈州纽波特的罗格手工酿酒厂对于"brewer's yeast"（啤酒酵母，字面意思为"酿酒师的酵母"）这个名字的理解非常直接，他们利用从酿酒大师胡须中分离培养出的"野生"酵母创造出一款新的啤酒。即使在没人蓄胡子的酿酒厂（如果真的有的话），酵母也会一直存在，因为啤酒酿造并不是只在大麦收获的季节才能进行，它和只能在葡萄收获时进行的葡萄酒酿造并不一样。大麦和其他用于酿造啤酒的谷物能储存很长时间，在必要时可以随时贡献出自己的养分，因为种子在自然界中经过适应后要完成的任务，就是在发芽时为植物的后代提供营养。发芽的谷物也是啤酒酿造过程中的第一步，它们能够激活释放糖分所需的酶，而糖正是让酵母大显身手的原料。

酵母在自然界和在饮品中需要适应的环境不同，所要接受的自然选择的来源也是不同的。为了适应葡萄酒中的环境，酿酒酵母通过水平基因转移从其他种类的酵母那里获得了三个独立的外源DNA片段，共计39个基因。这些基因的功能对于葡萄酒来说非常重要，比如帮助酿酒酵母利用发酵的葡萄原汁中所含的各种不同的糖类、氨基酸和氮源。这种现象说明，基因在亲缘关系太远而无法通过有性生殖杂交的物种间频繁地进行水平转移，使得微生物的基因组非常易变。

在酿酒酵母中，有一种被称为福洛酵母的特化菌株对于葡萄酒环境的适应度进一步提高。这种菌株出现在许多白葡萄酒的陈酿工序中，尤其是像雪利酒这样在木桶中熟成的加度葡萄酒。当发酵阶段接近尾声，葡萄酒中所有的葡萄糖和氧气都被消耗殆尽，乙醇浓度达到最大值的时候，唯一能在这种环境下生长的就只有福洛酵母。尽管普通酵母在这种情况下无法生长，但福洛酵母却适应得很好。葡萄酒中葡萄糖浓度很低的环境会激发一种叫作*FLO11*的基因的表达，这种基因会让福洛酵母细胞的表面具有防水性。这样福洛酵母细胞就会互相粘在一起，压住二氧化碳气体产生的泡沫，而这些泡沫会带着酵母细胞浮到葡萄酒的表面。接着细胞会在酒的表面形成一层叫作"福洛"的生物膜，福洛菌株由此得名。漂浮在葡萄酒和木桶顶部空气之间界面上的福洛酵母享受着最棒的待遇，它们既能接触到下方葡萄酒里的酒精，又能获得上方空气中的氧气，这种环境使得它们也会把乙醇作为能量来源。

尽管酿酒酵母在低温发酵时，效果不如其他的酵母，但要说酒精耐受性的话，没有酵母能比得上它。在低温发酵过程中被发现的酵母原来正是酿酒酵母与其他在低温条件下效果较好的酵母菌杂交后的品种，因而结合了两者的优点。这些杂交品种在贮藏啤酒的发酵过程中独立进化了好多次。有一种被称为卡尔斯伯酵母（*Saccharomyces carlsbergensis*）的贮藏酵母最早出现在哥本哈根啤酒厂的大桶里，并在这里被分离出来，以酒厂的名字"Carlsberg"（又译嘉士伯）命名，不过我们还不清楚这个完整的过程究竟是怎样的。到目前为止，我们根据卡尔斯伯酵母的遗传关系已经破解了它们的一部分身世，这个故事可以说犹如北欧神话一般传奇。

从卡尔斯伯酵母的基因中，我们发现它们是由无处不在的酿酒酵母和一种耐寒的被称为真贝氏酵母（*Saccharomyces eubayanus*）的同类杂交而成的，不过后者的来源可能有两种。人们发现这个耐寒的物种生活在阿根廷南端巴塔哥尼亚的南方山毛榉的树皮上，以及亚洲青藏高原。这两个地方的真贝氏酵母菌株与卡尔斯伯酵母的基因组中不匹配另一亲本的部分的相似度达到99%以上，因此，我们需要所罗门的判断力和更多的证据来确定贮藏酵母的耐寒基因究竟来自哪一个高寒地区。但不管是来自南美洲的最高点还是亚洲的最高点，我们都要面对一个更大的谜团，那就是这种基因是如何从这两个如此偏远的地方来到欧洲的，无论如何它们确实做到了。

1845年，嘉士伯啤酒厂的创始人雅各布·克里斯蒂安·雅各布森（Jacob Christian Jacobsen）从德国慕尼黑的涌泉啤酒厂获得了酿造啤酒的酵母。尽管我们不知道这种德国酵母培养液中是否含有真贝氏酵母，或者是我们不知道的某种它们与酿酒酵母的杂交体，但那里一定包含了造就卡尔斯伯酵母的原始遗传物质。38年来，这种酵母培养物一直被用于生产嘉士伯啤酒。通过简单的计算，我们可以推测出，如果在那段时间，每周都生产出一种新啤酒的话，就意味着要进行大约2 000次连续培养和对成千上万代的酵母进行选育。也就是说在第一次发酵时不管加入了什么细菌，在38年后都会变成一个早已被丹麦啤酒完全驯化的酵母种群。后来，1883年，在嘉士伯实验室工作的微生物学家埃米尔·克里斯蒂安·汉森（Emil Christian Hansen）获得了卡尔斯伯酵母的纯培养物。这项成就使得生产出的啤酒都受到了严格的质量控制，同时改变了酿造业的面貌，也为嘉士伯公司以后的跨国经营奠定了基础。

　　嘉士伯啤酒的酵母的故事可以很轻易地被改编成一个汉斯·克里斯汀·安徒生的童话故事，讲述一个喝得烂醉的恶棍如何从遥远的土地上流浪而来，并受到大家尊敬，而他的那些德才兼备的后代又是如何在世界范围内获得了名望和财富。同样，葡萄遗传史中的迂回曲折也可以写成一部26集的电视剧。在改编成人类戏剧的过程中，只需要改变一下相关角色的名字，就能写出一部融合了非法联盟试图恢复古老而衰落的血系、性别变化、瘟疫和失散多年的亲人回归的长篇故事。进化过程就像通往真爱的道路一样，永远不会是笔直的。

　　在社交活动中，酒精是最受欢迎的，因为它能促进友好的关系，让大家自由地展现自己的口才和智慧，就像爱尔兰人所说的"craic"（爱尔兰方言中指非常愉快的谈话）那样。喝过酒之后，我们都会变得更风趣，或者说至少我们自己是这么认为的。丰富的食物配上充足的美酒，就能让单纯的晚餐成为一顿盛宴。下面我们将从宴会说起，在社会领域继续探索进化与食物的关系。

餐后话题 1

宴会——社交

无论是在丰年还是歉年，分享食物都是人类的本性。尽管分享食物的动力深植于人类内心，但这并不意味着所有人都能平等地获得食物。如果真的是这样，那就太简单了。更确切地说，食物及其带来的各种复杂问题在社会关系中始终纠缠在一起。作为盛宴和饥荒共存的国度、南方古猿阿法种露西的故乡和人属的发源地，没有任何一个地方会比埃塞俄比亚能更加深刻地说明这一点。

1887年，埃塞俄比亚皇帝孟尼利克二世（Menelik Ⅱ）的第三任妻子泰图·比图尔（Taytu Bitul）为了给刚刚在新首都亚的斯亚贝巴落成的教堂举行祝圣仪式，准备了一场盛宴。这场盛宴的规模空前，足以与孟尼利克二世的军事成就相匹配。孟尼克二世通过征服邻国（包括战胜一支意大利殖民者的军队），使埃塞俄比亚所享有的地位，更接近于约2 000年前建立的古代王国。新建成的恩托托玛丽安教堂坐落在一个可以俯瞰全城的山顶上，泰图皇后在教堂的庭院中搭建起巨大的帐篷，并在这里举办了一场完全可以载入史册的盛宴。

在为期5天的宴会中，宾客们吃光了用5 000多头公牛、奶牛、绵羊和山羊的肉制作的炖汤。直到今天，埃塞俄比亚的牲畜数量仍然比其他非洲国家要多。在宴会上，那些最受皇室器重的人还能吃到专为他们准备的特别菜肴，包括"全熟肉制作的红辣椒炒牛肉……羊排和羊肉片做成的胡椒炖汤……包裹着辣酱的八九分熟的牛肉……添加了姜黄根粉的羊排汤……还有加了胡椒的花生酱炒肉末"。

吃炖汤的时候，要用手拿着英吉拉裹着吃，英吉拉是将当地的一种驯化谷物埃塞俄比亚画眉草磨成粉，再经发酵制成的松软多孔的大薄饼。宴会现场，一千个用来装英吉拉的篮子在用餐者中间传递着，5个独立的厨房在负责供应这种食物。还有45个大瓦罐，里面装着加了红辣椒粉的黄油。为了给宾客解渴，宴会还准备45个用来盛装泰吉（一种蜂蜜酒）的罐子。在重力作用下，12根管子将建在高处的一个泰吉酒库里的酒源源不断地运送到宴会现场。地位较低的宾客则会饮用一种用麦芽和烘烤过的大麦制成的烟熏啤酒。

泰图在玛丽安教堂举行的宴会囊括了她丈夫已经征服的所有领土上的美食，这是一种治国的手段，用烹饪带给人的震撼和敬畏来彻底征服他们的臣民和宾客。根据官方对这次宴会的记载，现场泰吉的酒香和新鲜出炉的英吉拉产生的香气混合在一起，简直要让人的心脏都无法承受了。然而，这次宴会并没有带来好事，而是变成了饥荒的先兆。在随后的5年里，干旱和牛瘟的蔓延导致牲畜数量减少了90%，1/3的人口因此死亡。

从至少公元前250年开始，埃塞俄比亚风雨飘摇的发展史就不时由于反复出现的干旱和饥荒而中断，不过其中一些最严重的饥荒都发生在近代，并且都是祸不单行之时，国家正在遭受由干旱、战争、人口压力、环境恶化和极权政府等多重因素的伤害。到了1983至1985年，这些因素全都发展到了非解决不可的程度，在此期间，受饥荒影响的人口有 800 万，60 万~100 万人被夺去生命。饥荒的规模如此之大，以至于人们互相帮助的自然冲动都土崩瓦解了。尽管 1/3 的埃塞俄比亚家庭会与挨饿的亲属们分享食物和金钱，但大多数家庭甚至连自己都很难养活。有些人宁可选择躲避亲人，也不愿面对无法或不愿分享所带来的羞愧。尽管各国政府为受灾的埃塞俄比亚人提供的援助进度缓慢，但电视画面中瘦到让人毛骨悚然的男人、女人和儿童却已经在世界各地的民众中引发了强烈反响。到 1984 年年底，西方国家以个人名义为救济饥荒捐出的善款超过 1.5 亿美元，相当于现在的近 4.5 亿美元。

这起悲惨的事件表明，当人们有能力分享食物或者拥有用来购买食物的钱时，即便接受帮助的人与他们毫无关系，甚至根本与他们互不相识，他们也会这样做。分享食物是体现利他主义的一个范例，属于以牺牲给予者的利益为代价而使他人受益的行为。如果用一种单纯，或者可以说天真的方式来解读自然选择，就会发现与未知的人共享资源并不是一种适应性行为，因此需要从进化角度给出特定的解释。对某些人来说，提出"我们为什么要分享"的问题似乎有些不礼貌，然而，探讨人类是如何在进化中变得乐于分享和相互关爱的问题，并不是要贬低这些社会特征，而是要研究人道是如何形成的。

解释利他主义的演化从进化论刚开始建立的时候就是一个很棘手的问题。达尔文在他的著作《人类的由来》中提及那些拥有他所说的"道德准则"的人时说："导致这种人数量增加，从而让该部落的人都拥有道德准则的情况实在是太复杂了，所以不可能弄清楚。"在一个受自私的基因支配的世界里，无私的精神是如何产生的呢？目前有三种解释。第一种被称为亲缘选择，所依据的观点是，我们的基因，包括人们假设的任何"利他主义基因",都不仅存在于我们自己身上,还存在于我们的亲属身上。例如,一般的兄弟姐妹有一半的基因是相同的,因为都是遗传自父母。

20世纪伟大的进化生物学家和博学家J. B. S. 霍尔丹曾因一句见解深刻、启迪智慧的话语而闻名于世:"我愿意为8个堂(表)兄弟或2个兄弟献出生命。"与堂(表)兄弟姐妹之间的亲缘关系比与兄弟姐妹之间的要远一些,因为只有1/8的基因是相同的,所以为了达到亲缘选择的"账面平衡",就需要有8个堂(表)兄弟姐妹。从个人行为来说,霍尔丹是一个极端的利他主义者,在第二次世界大战期间,为了确定潜艇内部的人员如何能够安全地从被攻击的潜艇中撤离,他在自己身上进行了一项非常危险的实验。所以,我们很容易想到即使是为了非亲属,他也会牺牲自己。

另一位英国的进化论者W. D. 汉密尔顿(W. D. Hamilton)证明了要使某种经遗传得到的利他性状得以传播,给予者要付出的代价必须小于接受者获得的好处与二者间亲缘度的乘积,从而正式确立了这种亲缘选择的观点。霍尔丹在那句很有名的话里,隐含地假设自己(作为给予者)付出的代价与他的每个堂(表)兄弟(接受者)获得的好处是相等的。由于他和每个堂(表)兄弟的亲缘度都是1/8,因此需要有8个这样的人才能与霍尔丹的自我牺牲相匹配。实际上,霍尔丹举的例子只是平衡了利他主义的成本和收益,而汉密尔顿法则却认为亲属获得的全部好处必须超过利他主义者要负担的成本,也就是说要有9个堂(表)兄弟才行。

亲缘选择能解释人们为什么会分享食物吗?如果要完整地解答这个问题,我们需要通过实验来衡量分享食物的成本和收益,看看它们是否符合汉密尔顿法则，但这一点也不容易。在与进化有关的计算中，成本和收益都是用适应度来衡量的，而适应度则代表对后代有贡献的个体数量。不妨想象一下，在与亲属分享食物和独自吃饭这两种情况下，要估算你自己和所有客人的适应度会有多么困难！在不太可能用这种方式对汉密尔顿法则进行测试的情况下，我们不得不求助于更间接的证据。

在对不同的人类社会进行比较研究后，人们发现优先与亲属分享是最一致的模式，或者正如一篇评论文章所讽刺的那样，"尽管人类学家在其他问题上没达成什么一致意见，但他们都承认亲属关系是人类社会的核心组织特征之一。"尽管这种模式与我们对于亲缘选择的预期相一致，但人类学家并不总是认同这一点。有人反对说，狩猎采集者并不擅长算术，所以不太可能根据汉密尔顿法则来确定自己的行为，而动物就更不会计算它们与堂（表）兄弟之间1/8的亲缘关系了。一向尖锐的理查德·道金斯（Richard Dawkins）就曾说过，"尽管蜗牛壳是一个精致的对数螺线，但是你知道蜗牛把它的对数表放在哪里吗？"

至于汉密尔顿法则，它并不是来自为了约束狩猎采集者甚至是他们基因的某一本根本就不存在的书，而是一种在对他人展现出不同行为的个体间展开的进化竞赛中保证各方同步发展的方式。如果与亲属分享的行为倾向是由某种基因决定的，那么汉密尔顿法则会告诉我们在什么时候这种倾向会受到亲缘选择的青睐。亲缘选择就是一种特殊的自然选择。我要补充一点，那就是亲缘选择并不能说明裙带关系在道德上的合理性，即使它确实有可能指向这一点。人类社会远比这要复杂得多，而且往往会对不公正的待遇进行惩罚。

对亲属的偏爱在动物社会很普遍，不过在断奶后，并不是所有的动物都会分享食物，哪怕是和自己的孩子。在灵长目动物中，大约有1/2

的动物会与后代分享食物，而在这之中又有大约1/2的动物也会与成年动物分享食物。不与后代分享食物的灵长目动物，也不会与成年动物分享。这表明，在分享行为的进化过程中，与后代分享是与包括非亲属在内的成年动物分享的先兆。这一点从进化变化的渐进本质中就能看出来：一开始是与最近的亲属（也就是后代）分享，然后演变为与其他成年动物，特别是潜在配偶分享。正如一句谚语所说，"仁爱始于家"。因此，有间接证据证明亲缘选择是食物分享行为进化的基础，但这不能解决所有的问题，因为我们也会与非亲属分享。我们为什么要这么做呢？

第二种解释是以互惠为基础，来说明非亲属之间分享行为的进化过程的。互惠可能是很直接的，也就是我把我的食物分享给你，是期望明天在我感到饿的时候，你会和我分享食物，或者我们可以发生性关系。互惠也可以是间接的。间接回报的形式可能就没有那么具体，比如友谊、相互支持或者荣誉。生物学家们一直习惯性地将互惠行为称作"互惠利他主义"，但这个短语因为在措辞上自相矛盾已经不再使用。因为如果一种行为的实施是为了在将来获得回报，那根据"利他"这个词的本义，这种行为就不是利他的。我工作是为了月底能拿到薪水，所以我和我的雇主都不认为自己是利他主义者。但是，不管你怎么理解"利他"这个词，直接的互惠就能解释人们分享食物的原因吗？

如果你问别人为什么要和朋友分享的话，他们通常会极力否认自己这样做是为了得到好处。不过，你可以进一步探究，问问他们是否会继续与一个从来不回报的人做朋友，我猜答案应该是"不会"。罗马演说家西塞罗（Cicero，公元前106年—前43年）生活在一个暴力横行的时代，在当时知道自己可以信任谁是一个生死攸关的问题，西塞罗曾写道："没有什么是比回报别人的善意更加不可或缺的责任了。"没有人会信任一个忘记别人恩惠的人。

一个偶然的机会，罗马作家小普林尼（Pliny the Younger）写的一封信被保存了下来，他在信中责备了一位打破友好关系准则的朋友，因为这位朋友并不重视自己发出的晚宴邀请。从信中可以得知这位朋友究竟错过了怎样的一场盛宴：

> 亲爱的塞普提克乌斯·克拉鲁斯：你答应了我，但你并没有来参加晚宴，真是遗憾！一切都准备好了，就等你的到来，我们这里有莴苣（每人一个）、三只蜗牛、两个鸡蛋、粥……还有橄榄、甜菜根、瓜类、鳞茎和无数同样会令人羡慕的食物。你本来可以欣赏到喜剧演员、诗歌朗读者或竖琴弹奏者的精彩表演，或者我慷慨一些，让这三位都来表演。但你却选择了去别人那里，你得到了什么呢？牡蛎、母猪的子宫、海胆，还有来自加的斯的舞女！

这仿佛在说："和我精心为你准备的盛宴比起来，你参加的聚会有多么粗俗。"

虽然友谊被定义为一种信任关系，而不是单纯的利益交换，但还是在互惠的基础上建立起来的。从有关狩猎采集者如何分享食物的对比数据中就能看出这一点。在一些部落中，人们都期望从别人那里获得回报，那些永远不回报的人会被排斥，另一些部落的运转则似乎建立在更间接的"付出就有收获"的基础上。在这种情况下，人人都要分享，但不会做精确核算。尽管这是两种不同的组织食物分享和社会关系的方式，但两者都是以互惠为基础，直接或间接地发挥作用。

当互惠利他主义的假说在20世纪70年代首次被提出时，人们都认为在动物社会中有很多体现这种行为的例子。然而，要想清晰地解读动物的动机是极其困难的，有很多案例在经过仔细研究之后，又出现了其他解释。体现这种困境的典型例子，就是在坦桑尼亚贡贝国家公园里，因被珍·古道尔（Jane Goodall）首次研究出名的黑猩猩是如何猎杀猴子并分享战利品的。

当一群雄性黑猩猩发现一只离猴群的保护范围有点儿远的猴子时，这通常意味着狩猎的开始。一只黑猩猩负责追逐，而群体中其他黑猩猩的响应方式并不是形成一个包围圈，而是分散开来，从而阻断猴子可能的逃跑路线或者做好埋伏的准备。最早对这种狩猎方式给出的描述是像一家合作企业，黑猩猩在其中所起到的作用是互补的，都是为了能在最后分到一份肉。由于一群黑猩猩里的雄性个体都是有亲缘关系的，所以亲缘选择可以解释这种合作行为的进化过程。

随着可获得的野外资料越来越多，就出现了另一种更偏向利己主义的解释。当一只黑猩猩驱赶猴子时，对于剩余的每一只黑猩猩来说，最佳的策略就是出现在猴子有可能选择的某一条逃跑路线上，或者藏起来，准备伏击猎物。每只黑猩猩都希望亲自抓住猎物，因为杀死猴子的黑猩猩可以得到大部分的肉。由于这和我们自己狩猎的方式很像，所以在我们看来，这是一个协同的过程，但事实上这可能不过是每只黑猩猩为了自己的最大利益而自私行事的结果。

黑猩猩在面对它们已经捕获的食物时的行为也印证了这种利己主义的解释。如果狩猎过程是直接互惠的，那么按照预期大家应该都很愿意分享猎物，但在贡贝，杀死猴子的黑猩猩总是试图霸占猎物，通常只在受到胁迫时才会分享。他会避开群体中的其他成员，爬上很难靠近的树枝，因为这样它或许就可以不受干扰地用餐了。通常情况下，其他黑猩猩会聚集在周围，试图吃到一部分猎物，或者用手捂住背叛者的嘴，阻止它进食。在这种情况下，一只带着猴子尸体的黑猩猩是很难独占所有食物的，为了脱身，它只能允许大家分走一些肉。这种行为一般被称为"被容忍的偷窃"。

贡贝的黑猩猩有时会自愿地与非亲属分享食物，但在大多数情况下，我们并不清楚它们为什么要与某些个体而不是与其他个体分享。这些黑猩猩之间很可能存在着人类观察者毫不知情的友谊。在贡贝的黑猩猩群中，只有雄性头领才会始终如一地把捕获的猎物交给雌性，表明这种食物共享是以性关系的存在为基础的。

黑猩猩社会就像人类社会一样，也会表现出文化差异，人们在其他地方也观察到了雄性和雌性黑猩猩分享食物的行为，而且这种行为在结盟过程中所扮演的角色似乎更加重要。在其中一个地方，也就是乌干达的松索，有明确的证据表明这种行为是如何产生的。在哺乳动物中，不管是田鼠还是人类，催产素都会降低个体的攻击性，在母婴之间，以及性伴侣之间的社会联系中发挥一定的作用。在一项针对松索的野生黑猩猩的研究中，人们发现当个体分享食物时，给予者和接受者尿液中的催产素水平（能够反映血液中的催产素含量）都升高了。因此，不管这些黑猩猩之间有无血缘关系，食物分享都对增进它们之间的社会关系有直接的影响。

分享食物所引起的催产素水平的变化，不仅表明了这种行为如何加强亲属与非亲属之间的社会关系，还揭示了成年个体间分享食物的机制很可能是从母亲与其后代分享食物的行为进化而来的，因为催产素是维系母婴之间依恋关系的黏合剂。必须明确的一点是，催产素的作用并没有告诉我们自然选择为什么会偏爱加强社会联系的性状。确切地说，它表明了在某些有利的情况下（比如在母亲喂养自己的后代时），生理机能如何引导动物表现出能提高适应度的行为。催产素是一个基因的仆人，而不是主人。我们体内的激素也是以同样的方式驱使我们进行性行为。

对于黑猩猩食物分享习性的探究，似乎让我们远离了泰图皇后人头攒动的盛宴或者小普林尼孤单冷清的晚宴，不过虽然黑猩猩是我们的近亲，而不是祖先，但却为我们人类自己饮食习惯的进化提供了一个参考点。黑猩猩和人类的相似之处体现在，我们都会单纯地由于亲缘选择而更倾向于和亲属分享食物。而且我们也都会在激素的作用下通过分享食物来构建社会关系，前提是这样做是有利的。然而，除了这些生物要素之外，两个物种之间的对比重点是在进化过程上的差异，而不是相似之处。

在贡贝的黑猩猩群中出现的那种"被容忍的偷窃"行为并不是人类分享食物的方式，但这并不是说人类就不会偷窃或乞讨，这仅仅意味着人类愿意与非亲属分享食物，而大多数黑猩猩只有在受到骚扰时才会这样做。幼儿所展现出的人类行为应该是最本能的。在等效的实验条件下，幼儿会很乐意与他人分享食物，相比之下黑猩猩则不会这样做。这种差异是如何产生的呢？答案就是它有可能起源于黑猩猩和人类寻找食物的不同方式。

尽管黑猩猩是群居动物，但它们会单独寻找食物，然后自己吃自己的。这是因为在它们的饮食中占比超过 1/2 的水果分布在整个树冠层，并且果实都太小了，无法分享。只有在黑猩猩得到一个非常大的果实或者一整只猴子尸体这种罕见的情况下，其他试图乞讨或偷窃的个体才会表现出关注。这可能也是我们的树栖祖先在很久以前的觅食方式，但当我们开始在非洲的平原上生活时，想要获得的猎物比以前大了很多。从那时起，我们就一直是眼大肚小。

还有没有其他食肉动物会像曾经生活在苔原上的智人那样，捕食比自己大得多的猎物，以至于要生活在尸体的残骸当中呢？只有当人们互相配合的时候，才有可能捕获大型动物。如果旧石器时代的洞穴艺术家所描绘的一群群大型动物还不能让人们相信人类是社会型狩猎者的话，那么被印在同一面洞穴墙壁上就像在举手表决一样的手印一定可以打消你的所有疑虑。

捕猎大型猎物对人类社会性的发展产生了巨大的影响。大型猎物不仅需要狩猎者的合作，还会让狩猎者因此得到丰厚的回报，获得足够养活所有人的食物。在食物完全可以满足需要的时候，个体就不需要再独占猎物了，甚至连黑猩猩也会在分享食物的成本很低的时候，选择相互帮助。这就引出了一个有关人类合作完成某些任务并分享回报的倾向是如何产生的假说，这个假说会告诉我们，在这样一个世界里，如果你想要吃东西就要与别人相互依赖，自然选择如何打消了我们的私心。

当我们与朋友分享比萨，或者在一家中餐馆里转动餐桌中央的转盘时，尽管分享的是被种植在农场中的食物，但我们的食物其实有着更深层的进化起源。我们一起吃饭的习惯，以及经营农场和餐馆所需要的合作行为都是以古代遗留下来的集体狩猎的方式为基础而形成的。农场和餐馆通常都是家族企业，这提示我们私心形成的过程也与亲缘关系有关。同时，互惠关系对于私心的影响也很明显。

如果你像我一样，曾经在一家餐馆里试图吸引服务员的目光，但却没有成功，最终只能放弃的话，告诉你黑猩猩也无法做到更好可能会让你感到些许的安慰。人类对于他人的注视格外敏感。如果你盯着别人的话，即使你在对方视野的边缘，他们也会注意到的。这是因为你的眼白与眼睛中间的黑色瞳孔形成对比，使得别人可以清楚地看出你视线的方向。黑猩猩的眼睛是没有眼白的，所以它们无法轻易地察觉到谁在看自己，可能也并不在意。也许正如你怀疑的那样，那位服务员并不是没有注意到你，而只是不想看到你。

人类的眼睛在进化过程中获得的功能并不只是观察，还有让别人知道我们在观察他们。为什么这种功能会带来进化优势呢？有一个得到实验证据支持的假说是，当存在某种社会契约时，注视对方会让他们保持诚实。这种作用非常强烈，且不易被察觉，以至于一双眼睛的照片就可以改变行为。在一项实验中，科学家把这样的照片放在了大学咖啡室里的诚实盒上方，结果发现，这个盒子里收集到的钱是摆放花卉照片时的三倍。你也可以在家里做这个实验。

这个咖啡的实验，以及其他类似的实验都证明，被注视能对亲社会行为（比如不乱扔垃圾或驾驶员在道路交叉路口避让行人等）产生相同效果，观察者被人看到明显是有好处的。但为什么那些被注视的人会产生这样的反应呢？即使你打算私下里无视社会规则，也会在公共场合被人看到时遵守这些规则，这样做有什么好处呢？答案似乎是别人对你的看法非常重要。或者，正如在莎士比亚的戏剧中，满嘴谎言的伊阿古对奥赛罗所说：

> 我亲爱的大人，无论是男人还是女人，
> 好名声都是他们灵魂中最贴心的珍宝。
> 偷我钱包的人不过偷走了一堆废物；
> 那只是毫无价值的东西而已；

可以是我的，是他的，也可以成为千万人的奴隶；

但那窃取我美名的人

尽管不会因此而富有，

但却让我变得贫穷。

名声就是一切。对于所有依靠信任取胜的社会关系来说，名声就是用来担保的货币。正如伊阿古所说，声誉比金钱更重要的原因是它能影响到所有的关系，包括像在这部戏剧中处于中心地位的奥赛罗和他的妻子苔丝狄蒙娜之间这种最重要的关系。一位观看这部戏剧的生物学家可能会说，伊阿古通过玷污苔丝狄蒙娜的名声，并在她丈夫的心中播下了怀疑妻子是否忠诚的种子，从而使这对夫妇的适应度降为了零。尽管苔丝狄蒙娜死于奥赛罗之手，但却是被伊阿古谋杀的。后来，奥赛罗因悔恨而饱受折磨，这令伊阿古非常满意。名声就像伊阿古一样可以间接地作用于人际关系，但其造成的影响丝毫不亚于直接作用。

作为一种社会资产，名声具有许多经济资产的属性。比如我们必须要获得名声，同时也有可能失去名声或者将其用于交换。对于埋单的人来说，宴会的价值在于他们用自己根本吃不完的食物换来了在客人中不断提高的声誉。尽管食欲是可以满足的，但对许多人来说，对地位的欲望是无法满足的。

一旦基本的营养需求得以满足，分享食物就不再直接地用于维持适应度了，而是会通过赢得社会奖励，间接地影响适应度。正如在吉尔伯特与苏利文（Gilbert and Sullivan）组成的黄金组合中负责剧本的 W. S. 吉尔伯特在谈到用餐时所说，"餐桌上的东西不如椅子上的人重要。"当然，如果你想给坐在椅子上的人留下深刻的印象，那么摆在餐桌上的东西实际上可能很重要。几个世纪以来，国王、皇帝和财阀们一直在盛宴的奢华程度上相互竞争。

公元前63年，罗马最富有的人之一塞尔维乌斯·鲁拉斯（Servilius Rullus）为当时的城邦领事西塞罗举办了一次宴会。第一道菜非常美味，宾客们自发地鼓起掌来。接着，厨师带领着4个埃塞俄比亚奴隶抬着一只巨大的银盘出现了，银盘上摆放着一只巨大的野猪，它的长牙上挂着装有椰枣的篮子，周围是用面团做成的小猪。盘子被放下，宾客们只是默不作声地看着，显然大家都满怀期待地流口水。野猪被切开，露出了里面的第二头野猪，而在第二头猪里还有第三头。随着切肉刀的每次划动，都会有一只越来越小的动物出现，而最终收尾的是一只小鸟。

这道被称为"特洛伊野猪"（法国美食家们后来根据希腊神话中的特洛伊木马为它取的名字）的菜在罗马引起了巨大的轰动，曾犹豫要以怎样的方式烹制大野猪的家庭马上都选择了做"特洛伊猪"。这种情况开始变得普遍后不久，罗马的宴会主人们就开始不惜血本地层层加码，一开始是一顿饭吃三四头野猪，后来的数量多至8头，最终甚至多达20头。

两千年后，这种填塞式的风潮创造了"火鸭鸡"（turducken），就是在一只火鸡的肚子里塞进一只鸭子，再在鸭子的肚子里塞进一只鸡。（无论是谁为这道菜取了turducken这个不幸的名字，都没能注意到它的第一个音节turd是"粪便"的意思。）之后，填塞式的做法就不可避免地开始升级了。英国厨师休·费恩利–惠汀斯托尔（Hugh Fearnley-Whittingstall）在他2005年的一档电视节目中烤制了一道包含10只禽类的菜肴。一只18磅重的火鸡里被一只鹅、一只鸭子、一只绿头鸭、一只珍珠鸡、一只鸡、一只野鸡、一只山鹑、一只鸽子和一只丘鹬塞得满满当当。两年后，英格兰德文郡的一家农场商店开始出售一种包含12只禽类的填塞烤肉，象征着为期12天的圣诞节庆祝活动。这道菜足够125个人一起享用。

填塞式烹饪法的流行表明，一旦食物出现过剩，对于食物的渴望就会被对于地位的渴望所取代。虽然三只禽类做成的填塞烤肉肯定能满足人的胃口，但显然不管是三只禽类，还是三头猪都满足不了人对于地位的渴望，因为这种渴望从根本上说是无法满足的。当控制饥饿感的调节回路中产生负反馈时，人就会有饱腹感。在进食过程中，刺激食欲的激素会停止产生。相比之下，人类对地位的重视可能起源于旧石器时代人们对狩猎成果如何分享的关注，因而形成了另一种回路，也就是一个倾向于产生正反馈的社交网络。

在音频回路中，当增益过高时，正反馈会导致扩音器发出啸叫声。社交网络中的正反馈同样会导致整个网络失控。我提供的三只禽类做成的填塞烤肉提升了我在晚餐宾客中的地位，之后这些宾客会觉得有必要回报我。当每个人都在用三只禽类做烤肉的时候，那我就变得和其他人一样了，于是我要更胜一筹，用4只禽类的烤肉来炫耀。那么4只禽类的烤肉就成了新的标准，所以我必须要再胜一筹。天哪不行，我要再胜"十"筹！

正反馈总是很容易超出正常的范围而走向过度。体现对地位的追求失去控制的一个例子就发生在太平洋西北部某个部落的美洲原住民当中，依据传统，这些原住民在冬季会举办一场竞相赠礼的夸富宴。宴会以百乐餐的形式举行，所有客人都要为这餐饭贡献一些东西，尽管百乐餐（potluck）就是从夸富宴（potlatch）这个词衍生而来的，但最早的夸富宴其实与现在的百乐餐活动相去甚远。夸富宴是通过炫耀财富和显示慷慨来赢得竞争对手眼中的地位。部落中的贵族们邀请竞争对手参加夸富宴，并给予宾客大量的礼物，从而获得额外的头衔和等级。这些礼物包括毛毯、鱼、海獭毛皮、独木舟，和专门为了送给别人而制作的用几何图形装饰的锻造铜片。

那些没有回赠价值更高的礼物的客人们会遭到羞辱。这种仪式最终升级成了对财物的肆意破坏，酋长们会把像毛毯和独木舟这样贵重的物品扔到竞争对手的火堆里，以赢得名望，并使对手在名声上低自己一等。在某些宴会厅里，珍贵的油会从天花板上的一个雕像中源源不断地流出，使得火堆一直熊熊燃烧。宾客们为了不丢面子，假装没有感受到高温的炙烤和皮肤破损的疼痛。而夸富宴最终成功的标志，正是主人的宴会厅被全部焚毁。

尽管这种规模的竞相赠礼似乎已经超出了理性的范畴，但夸富宴并不是一种独特的现象，它只发生在食物过剩的地方。在甘薯传到新几内亚并导致食物过剩之后，当地就出现了一种与夸富宴相类似的做法。在食物短缺的时候，太平洋西北部的夸富宴就停办了。食品和声誉的影响力都很大，二者也是相互依存的。即使在没有人挨饿，且社会声誉与权力、财富和性可以自由交换的社会里，我们也有必要追问一下声誉是如何变得这么重要的。答案，或者说至少一部分答案就是通过狩猎中的合作和宴会中的分享。

如果这个答案是正确的，那我们通过狩猎大型动物的过程中相互依赖而进化出合作行为的假说就能够解释比餐桌礼仪更多的问题。所有的群体活动（从体育运动到敬神活动，以及战争），还有以团体、民族或平等为基础的崇高政治理想，以及民主制度和支撑这种制度的法治，最初都起源于古人对于从一块美味的牛排中公平地分一份的渴望。

餐后话题 2

未来的食物

"我们明天吃什么？"是每个负责养家糊口的人每天都会问自己的一个问题，但如果把目光放在更遥远的未来，我们会看到什么呢？食物在未来的进化中将主要取决于两个挑战：人口增长和全球气候变化。我们对前一个挑战并不陌生，但气候变化将会使预计100亿人口的粮食供应变得更加困难。除非我们对粮食生产系统和作物本身进行改造，否则升高的气温、异常的降雨模式、更加频繁的干旱以及最终升高的海平面都会威胁到粮食安全。此外，目前的耕种方法正在加剧气候的变化，因为相当大的一部分温室气体都是在这个过程中被排放的。因此未来我们不仅必须要养活更多的人，而且还要以可持续的方式去做。

　　这些大问题都起源于我们和我们的食物进化的历史。在新石器时代，正是农业的诞生使得人口迅速增长。在过去的250年里，人口增长一直受到像小麦、马铃薯、玉米和木薯这样遍及全球的主要农作物的支持。因此可以说，植物和动物繁育方式的进化至少要为我们所面临的挑战承担一部分责任，但同时也对找到解决办法至关重要。澳大利亚诗人A. D. 霍普（A. D. Hope，1907—2000）在诗歌中对一部分历史进行了总结。他从狩猎开始写起：

> 在神话时代
> 狩猎者是不需要系腰带的；
> 对他来说多到打不完的猎物
> 在草原上疯狂地奔跑；
> 每天晚上，他都在餐桌上摆满烤肉，
> 然后在兽皮上生儿育女。
> 当然，最终人类的数量就是这样超过猎物的。

不过别担心，诗人说道，因为那时农业已经诞生了：

> 不论怎样，人的创造力都可以
> 从他最严重的错误中侥幸获得胜利。
> 很快，切成块的牛肉和猪肉就开始
> 取代了野牛肉制成的牛排

但我们即将迎来糟糕的结局，因为：

> 无论你从哪里来，
> 都能感受到人口过剩的影响越发明显；
> 图表上代表经济通货膨胀程度的曲线
> 也在不断上升。

　　这就是托马斯·马尔萨斯牧师（1766—1834）在他著名的《人口原理》一书中提出的论点。他说，虽然人口有能力以几何级数增长（例如，1，2，4，8，16……），但对于技术，我们最多只能期待它会让粮食的供应量成倍数增长（例如，1，2，3，4，5……）。这种差异将导致的结果就是，人口数量始终对粮食供应量步步紧逼，最终得到的只会是苦难。或者，就像霍普在诗里所说的那样：

> 人的这种生育行为并没有受到
>
> 自然、法则或常识的约束，
>
> 所以不能指望会有与人口数量相称的充足食物
>
> 从丰饶角[①]中倾泻而出，
>
> 而人类依靠不断减少的资源勉强维持生计的新技能
>
> 也不会永远天衣无缝

　　在20世纪六七十年代，也就是霍普写这首诗的时候，人口过剩是公众关注的主要问题。当时有两本重要的著作，分别是保罗·埃利希（Paul Ehrlich）的《人口爆炸》（*The Population Bomb*，1968）和罗马俱乐部的研究报告《增长的极限》（*Limits to Growth*，1972），二者都预言了即将到来的灾难。尽管引发公众担忧的问题真实存在，但与灾难有关的预言并没有得到证实。1960年至1980年，虽然全球人口从30亿增长到45亿，增长率高达50%，但粮食供应量却保持着同步增长。如果套

---

① 　丰饶角（Cornucopia），起源于古希腊神话。因其装满果实和鲜花的形象，常在西方文化中作为丰饶富裕的代表物，以象征丰收。——译者注

用霍普的说法，就是从丰饶角倾泻而出的食物与呈几何级数不断增长的人口是成比例的。之所以会出现这样出乎意料的结果，是因为农业绿色革命使主要谷类作物（即小麦、大米和玉米）的产量增加了50%或者更多。进化本身就是被植物和动物育种者牢牢控制的丰饶角。现在迫切需要解决的问题是，当我们有100亿人的时候，这个丰饶角还能应付得了吗？

在绿色革命之前，谷类植物的茎通常又高又细。在还没收割的时候，特别是在人们为了提高产量而施用化肥的情况下，这样的作物是容易倒伏的。而且它们在叶子和茎上投入的能量比在种子上投入的要多，所以产量也很有限。高大而多叶的茎是野生祖先留下来的进化遗产，因为在野外，自然选择偏爱那些足够高大，不会被旁边的同类超过和遮蔽的植物。种植者们也为古老小麦品种的长秸秆找到了用途。从19世纪60年代到20世纪20年代，夏季在男性中特别流行的草帽就是用这种副产品做成的。

在三种主要谷物中，绿色革命的成功都是由于缩短了植物茎的长度，并且使其变得更粗，从而能更好地支撑起谷穗较大的植株。在墨西哥的一个植物育种实验室里，诺曼·勃劳格（Norman Borlaug）将传统的小麦品种与日本的矮秆品种进行杂交，培育出粗壮、抗病，且对氮肥反应敏感的新半矮秆小麦品种。所有发展中国家在引入这些品种后，粮食产量都大幅上升，而埃利希曾预言即将发生饥荒的印度则实现了小麦的自给自足。类似的育种项目也在水稻和玉米中掀起了绿色革命，对粮食供应产生了同样巨大的影响。绿色革命不仅促进了粮食安全，还通过增加现有农田的产量，使得约1 800万~2 700万公顷的自然栖息地免遭被改造为农业用地的命运。

作为"绿色革命之父"的勃劳格在1970年被授予诺贝尔和平奖，而在获奖演说中，他告诫人们："在人类对抗饥饿和贫困的战争中，绿色革命只是取得了暂时的成功，给了人类一个喘息的机会。如果这场革命得到全面的贯彻，那它就能够在接下来的30年里提供足够的粮食。不过，人类繁殖带来的可怕影响也必须加以遏制，否则绿色革命的成功将只会成为昙花一现。"

如今，绿色革命带来的好处在许多地方已经完全显现出来了，粮食产量也开始趋于平稳。这就在目前所种植品种的产量与21世纪中叶100亿人口的需求之间留下了一个缺口。据估计，要弥补现在的粮食供应量与实现在2050年养活所有人的目标而达到的供应量之间的差距，作物产量至少还需要增加50%。这相当于要将全球的平均产量都提高到目前所能达到的最高水平。以当前的趋势来看，尽管产量平均提升50%的目标是有可能实现的，但有人估计我们未来对粮食的需求还要高得多，目前的作物产量需要增加一倍。按照目前的趋势，或者说一切照旧的话，谷物产量翻一番的目标是无法实现的。

当然，大幅提高谷物产量并不是平衡未来粮食供需的唯一途径。对于一个既有社会意义又有科学意义的问题来说，只关注供给侧因素的方案可以被称为技术性手段。而社会性手段要解决的粮食需求水平的问题，包括通过控制生育来降低人口增长率、减少食物浪费和通过让发达国家的人少吃肉来降低生产动物饲料对于谷物的需求。尽管这些措施本身都是非常理想的，但光靠它们就等于是在拿我们的未来冒险，因此植物科学家提出我们需要第二次绿色革命。

第二次绿色革命所面临的科学挑战与第一次绿色革命所面临的挑战是不同的。第一次绿色革命可以被描述为培育出更适合农业产业化的植物新品种，于是就有了经过施肥和灌溉后产量更高的抗病作物。而致力于完成第二次绿色革命的植物育种者则遭遇到了阻碍产量提高的一系列更复杂的障碍。比如提高作物的耐盐性，这样它们就能在由于过去不合理的灌溉方式而盐渍化的土壤中生长，还有提高作物对干旱和高温的抵抗力，以及防治不断演变的病虫害。

尽管第二次绿色革命要应对的挑战比第一次更加艰巨，但我们可以利用的基因工具却比20世纪五六十年代勃劳格和作物育种者所掌握的手段要先进得多。目前，我们已经掌握了至少50种作物的基因序列，这样就可以确定出在绿色革命中发挥关键作用的性状（比如矮秆）是由怎样的基因突变引起的。同时在小麦的某个祖先品种中发现的可以提高作物耐盐性的基因，也为迅速改善小麦对盐渍土壤的适应性带来了可能。

最值得期待的是，目前我们已经完全了解了光合作用（即植物利用太阳光的能量捕获二氧化碳并将其转化为葡萄糖的过程）的基本机制，完全可以通过基因工程来显著地改善这一过程。在肥料和水供应充足的条件下，这样做就能提高作物的产量。当然，也有反对基因工程的人。比如在2015年，我住在苏格兰的时候，当地政府禁止饲养或培育转基因生物，目的是给欧洲北部的这个角落贴上"无转基因"的标签。

在欧盟，转基因作物的种植受到严格的监管。罗马尼亚在2007年加入欧盟时，当地农民不得不停止种植转基因品种的大豆，结果导致产量下降，作物变得无利可图。罗马尼亚曾经是大豆出口国，但现在却不得不依赖昂贵的进口大豆。但在西班牙广泛种植着转基因玉米，那里的农民发现他们向作物喷洒杀虫剂的频率与欧洲种植普通玉米的其他地区相比，只有1/10。

尽管转基因玉米、大豆和油菜在美国被广泛种植，但公众对于转基因食品普遍还是不信任的，2014年的一项调查发现，57%的美国成年人认为转基因食品总体上不安全。这表明，大多数消费者要么只是掌握的信息不足，要么就是遇到了最糟糕的一种情况，即被误导而对这种能够并且也确实造福于人类的技术心生恐惧。尽管20多年前，我们还有理由声称基因工程是一项未经验证的新技术，但现在的情况已经大不相同了。目前，针对转基因作物安全性的实验已经进行了上千次，而且有大量证据表明转基因技术并没有使作物变得无法安全地种植或食用。也许是迫于这些体现安全性的证据所带来的压力，过去以安全性为由反对转基因生物的绿色和平组织，现在转而提出转基因作物并没有带来好处，或者只是让错误的人受益。但事实恰恰相反，在转基因技术带来的众多实际好处中，目前有实例验证的有提高作物产量、减少杀虫剂的使用，甚至还挽救了差点被病害摧毁的整个产业。

对整个热带地区生活贫穷的农民来说，番木瓜是一种很重要的水果。而有一种番木瓜环斑病毒（PRSV）不仅会使番木瓜产量大幅降低，还会导致树木死亡。这种病毒会通过蚜虫在植株间传播。由于目前还没有治疗受感染植株的方法，所以种植番木瓜的农民只能通过杀虫剂杀死携带病毒的蚜虫的方法来控制病害。这样做不但成本高昂、污染环境，而且并不是非常有效。用传统方法培育抗PRSV番木瓜品种所进行的尝试彻底宣告失败，随着病毒在整个热带地区的番木瓜种植区之间传播，这种作物的前景看起来非常黯淡。夏威夷岛上主要的番木瓜种植区曾一度躲过了PRSV带来的灾难，但在1992年，病毒还是传到了那里。幸运的是，一种基于转基因技术控制PRSV危害的全新方法已经进入了测试阶段。这种方法的具体步骤是从编码病毒蛋白质衣壳的基因中截取出一段，插入番木瓜的基因组中。以这种方式改良后的番木瓜实际上相当于被注射了疫苗，因此对病毒是完全免疫的。

20世纪90年代是转基因技术应用的早期阶段，因此所有的成果都受到严格的控制。在夏威夷，反对转基因的人士提出的一个主要问题是，病毒的DNA可能会让吃木瓜的人过敏，甚至有危险。试验证明事实并非如此，而且植物科学家提出，食用被PRSV病毒感染的番木瓜的人虽然摄入了大量的病毒DNA，但无论如何都是不会有副作用的。如果你担心摄入了PRSV的DNA或者病毒蛋白，那么实际上你应该选择吃转基因番木瓜，因为它是无病毒的。事实上，不管怎样你都不需要担心，因为病毒会在你的胃里被破坏的。

几经周折，转基因番木瓜差点就无法引进，在获得监管批准之后，从1998年起，转基因番木瓜就开始在夏威夷获准种植，并取得了成功。尽管转基因品种在夏威夷一直很安全，也挽救了当地的番木瓜产业，但反对转基因的人还是阻止一些发展中国家对其进行引进，而事实上这些才是转基因技术最能发挥作用的地方。绿色和平组织声称，转基因技术是无效的，但这个组织本身却在阻止那些需要转基因食品的地方利用这项技术。2004年，在泰国，绿色和平组织的激进分子戴着护目镜和防毒面具破坏了转基因番木瓜的田间试验，把从树上摘下来的果实扔进了标有"生物危害"的垃圾桶。

虽然转基因食品没有对任何人造成伤害，但非理性的反对者却几乎理所应当地认为它已经带来了危害。黄金大米是一种旨在向因缺乏维生素A而可能失明和死亡的人群提供维生素A的转基因品种，而免费分发黄金大米的计划遭到了反转基因人士的极力反对。发展中国家的贫困农户也无法获得抗病虫害的转基因品种。在印度，激进分子阻止了转基因茄子品种的引进，这种茄子中具有 *Bt* 抗虫基因，可以保护这种重要的蔬菜作物免受一些严重的虫害。*Bt*基因来自一种能感染并杀死毛虫的细菌。与之形成鲜明对比的是，印度却允许人们种植含有*Bt*基因的棉花。自引进以来，这种作物既产生了环境效益，也给小农户带来了经济效益，因为他们在无须大量使用杀虫剂的情况下就能获得更好的收成。为什么种植茄子的印度小农户就无法得到类似的好处呢？

转基因作物在可持续农业中有着巨大的潜力。像*Bt*茄子这样抗虫害的作物在减少病害、提高产量的同时，还能降低杀虫剂等农业投入。通过基因工程完全有可能实现更高效的用水，从而缓解农业对环境造成的最大影响之一。遗憾的是，转基因食品已经被妖魔化了，而被误导的消费者因此认为，一项能带来好处的技术必定同时会带来危害。

除了无视科学证据给人的生计和环境造成的伤害之外，一些出发点很好但针对错误目标的运动还损坏了那些环保事业支持者的信誉。你怎么能相信那些不尊重科学证据的人和组织呢？这一想法也促使知名活动家马克·林纳斯（Mark Lynas）改变了他对转基因作物的看法。2015年，他在《纽约时报》上发表的文章中写道：

> 作为终身的环保主义者，我过去一直反对转基因食品。15年前，我甚至在英国参与破坏了田间试验。后来我改变了主意。在写了两本与气候变化科学有关的书之后，我认为我不能继续在全球变暖问题上持支持科学的立场，而在转基因生物的问题上持反科学的立场。我意识到，在这两个问题上，科学界已经达成了同等水平的共识，那就是气候变化是真实存在的，而转基因食品是安全的。我不能在一个问题上维护专业人员的共识，而又在另一个问题上反对这种共识。

转基因作物的问题其实是一个进化问题，原因有4个。首先，尽管目前存在着反对意见，但基因改造势必将决定作物未来的进化方向。这就是我们的食物在未来进化的方式。其他反对者是否会像林纳斯那样有道德勇气公开承认自己的错误，还有待观察。然而，当人们普遍意识到转基因的个体与我们在数千年的驯化过程中从遗传学角度改造的农作物和动物，是不可能被定义为两种存在明显区别的物种时，这场论战自然就会平息。所以转基因问题是进化问题的第二个原因就是：自然本身就是最早的基因工程师。

基因革命的一项关键发现是基因能通过水平基因转移自然地跨越物种间的屏障。无论是在实验室还是在自然界，病毒和一些细菌都是发生水平基因转移的主要场所。有一种叫作放射型根瘤菌（*Rhizobium radiobacter*）的土壤细菌能够感染许多种阔叶植物的根部，而在感染过程中，它能将自己的部分DNA转移到植物细胞中。放射型根瘤菌的这一自然过程自20世纪70年代末被发现以来，就一直被当作一种传送机制加以利用，从而将*Bt*这样的基因转移到农作物中。

转基因问题是进化问题的第三个原因是，自然选择已经形成并检验了大多数的基因改造技术，所以在使用这些技术的时候，我们是在与大自然合作，而不是与它作对。例如，被驯化的甘薯的基因组就含有来自某种细菌（如放射型根瘤菌）的基因。这些基因似乎是在驯化过程中获得的，因为这段DNA序列在作物的野生近亲中并不存在。我们尚不清楚这些基因在甘薯中的作用，但它们很可能赋予了作物某些有利于人类利用或储存的性状。

从大自然获得的最新，当然也是迄今为止最具革命性的基因技术，就是被称为"CRISPR-Cas9"的系统。这是一个在细菌中发现的基因组编辑系统，能让细菌对病毒产生适应性免疫。在它的帮助下，细菌细胞能够识别已经自行插入细菌染色体的病毒 DNA 序列并将其剪掉，然后修复断裂的位置。在实验室中，所有短的 DNA 序列都可以被选作目标，前提是要通过序列对应的 RNA 模板给 Cas9 编程。

实际上，CRISPR-Cas9 编辑 DNA 序列的方式，和你在用文字处理软件编辑文档时用到的查找替换功能是一样的。只要将构成 CRISPR-Cas9 的细菌基因引入动物或植物细胞，就可以对受体细胞的 DNA 序列进行编辑了。这种新的基因组编辑工具对医学和农业的潜在影响，无论怎样强调都不为过。在这里我们只举两个例子，在医学中，它能使导致遗传性疾病（如囊性纤维化）的缺陷基因得以修复。而在植物中，CRISPR-Cas9 系统已经被用来改造了一个会使面包小麦易患霉病的基因，从而使作物有能力抵抗威胁粮食安全的毁灭性病害。由于面包小麦品种有三组基因，所以除了基因组编辑这种方法外，其他方法都很难培育出抗霉病的品种。

尽管转基因技术并不是违背常理或者未经验证的，但我们也不应该为它赋予我们的惊人力量而沾沾自喜，或者期望它能解决所有的问题。这就引出了转基因问题是进化问题的第四个原因：害虫可以进化出对抗以消灭它们为目标的转基因技术的能力。比如，草甘膦是一种被用于对其有耐受性的转基因作物的除草剂，而如今杂草也已经进化出了对草甘膦的抗性。昆虫也进化出了对含有 *Bt* 基因的转基因作物产生的 *Bt* 毒素的抗性。

这些例子只是告诉我们一个已经知道的事实，那就是进化正在进行之中，而且永远存在，而并不像一些反转基因的激进分子所声称的那样意味着转基因技术的失败。害虫抗性的进化过程可以通过病虫害综合治理加以限制。在以可持续的方式实现产量最大化的过程中，用到各种各样的手段，而转基因技术可能只是其中之一。轮作是一种循环利用土地的传统做法，也就是在几年的时间里，通过轮流种植各种作物来保持土壤的肥力，控制害虫的积聚。例如，转基因品种可以被列入轮作作物中。

包括转基因在内的所有形式的植动物培育，都可能产生意想不到的后果，这并不是因为转基因技术原本就比其他育种技术风险更大，而是因为新奇事物总是伴随着风险。然而，对健康和环境构成最大威胁的新奇事物，并不是转基因作物或被驯化的物种，而是像阿根廷蚁、斑马贻贝或葛藤这样的野生物种，一旦它们离开各自的自然分布区，就会造成不可估量的破坏。我们做的所有事情，或者所有没做到的事情都是有风险的，所以风险必须按比例来判断。目前，转基因生物的风险有被严重高估的趋势，而它对于可持续粮食生产的潜在好处却远远没有得到应有的重视。

至此，我们就结束了与达尔文的晚餐，而这本书现在如果出现在图书馆里，应该可以和第1章中提到的《熏制食品零基础指南》《食品中的气泡》和《以牛肚为食》摆在一起了。如果你和我一起"品尝"了书中的所有美食，那可能已经注意到进化和烹饪在本质上是相似的。进化史上的创新，即便是像哺乳动物或鸟类的起源这样巨大的创新，都是利用已经存在的特征组合而成的。哺乳动物的祖先已经有了泌乳的功能，就像鸟类的祖先已经有蛋和羽毛并且可以完成某种形式的飞行一样。在新月沃土地区出现谷物农业之前，人类收集野草种子的习惯已经持续了2万年。从遗传学的角度来看，无论是自然选择还是人工选择，影响的都是现有的变异。

这和烹饪有什么相似之处呢？首先，尽管这也是烹饪的进化过程，但同时更是厨师的工作方式。你利用经过进化的原料和你在橱柜或市场能找到的所有东西。从这里能得到什么启示吗？当然，我认为是有的。进化过程完全取决于各个要素的潜力，而好的厨艺也是如此。那些想要告诉你人类的进化过程决定了我们应该根据旧石器时代人们吃什么，用这种不切实际的想法来限制自己饮食的人，都忽略了这些事实。我们的进化历史确实影响了我们的饮食能力，但结果是让饮食拓展而不是变窄了。我们能从冰盖和沙漠此消彼长的境况中生存下来，然后成长壮大，占领了每块大陆，都是因为我们是适应性强、充满智慧的杂食动物。如果我们不是这样的话，就会像除了吃竹笋以外几乎不吃其他东西的大熊猫或者生活在桉树上的考拉一样濒临灭绝。具有讽刺意味的是，如果我们的数量因此而减少，那毫无疑问这两个物种现在就不会面临如此严重的威胁。

饮食研究证实了不同文化所推荐的各种饮食间是有相似之处的，有很多方式可以达到健康平衡的饮食，只有过量食用肉类或完全不摄入动物蛋白这些极端情况才容易引发问题。而对介于这两个极端之间的饮食来说，对健康威胁最大的正是摄入过多热量的现代饮食。

有如此多样的食物供我们享用，有人可能会好奇为什么有这么多作者想让我们相信进化强行限制了我们的饮食呢。有一位著作代理人无意中给了我一个可能的答案，在我把这本书的提纲寄给他后，他告诉我，我应该随大流，然后从进化的角度为人类的饮食开一个处方，因为这才是人们愿意买的书。如果必须要这样，我宁愿把布鲁克林大桥卖给你。

最后，你也许会好奇，如果真的与达尔文共进晚餐会是什么样子。如果不是只邀请达尔文吃晚餐的话，他还是有可能来的，并且毫无疑问会惊讶于我们在遗传学方面所取得的进步及其揭示的进化奥秘。但遗憾的是，查尔斯·达尔文几乎一生都饱受胃病的折磨，这意味着他很少举办或参加晚宴。达尔文在他的自传中写道，在维多利亚时代早期，他和妻子艾玛为了远离伦敦的喧嚣，最早搬到了肯特郡的道恩村，在那里他们确实举行过几次宴会。艾玛在写给她姐姐的信中，提到了1839年4月1日的一场晚宴，出席的宾客有约翰·史蒂文斯·亨斯洛（John Stevens Henslow）和查尔斯·莱尔（Charles Lyell），她说："尽管这两位完全是重量级的人物，即最伟大的植物学家（亨斯洛）和欧洲最伟大的地质学家（莱尔），但我们做得很好，而且没有冷场。"这都要归功于伟人的妻子们进行的愉快交谈。

但是，有机会与达尔文一家共进晚餐的时期是很短暂的。艾玛在信中说，由于达尔文健康状况欠佳，所以很快他们就不得不"放弃了所有的晚宴，这对我来说在某种程度上是一种剥夺，因为这样的聚会总是让我精神高涨"。碰巧的是，艾玛·达尔文有一本食谱书，所以我们确实对她的厨房里诞生的一些更精致的菜式有了很好的了解，但不管是因为查尔斯的胃病还是维多利亚时代菜系的局限性，这本食谱书都不会给现代厨师带来什么启发。达尔文真正的贡献就是他发现的进化的"食谱"。

致　谢

　　和以往一样，我要感谢我的妻子里萨·德拉巴斯（Rissa de la Paz），感谢她对手稿的严格检查，以及在"什么是一本好书"这个问题上提出的清晰的见解。我希望自己的每一次尝试都能更加接近这个目标。我很感谢我多年的同事和朋友卡罗琳·庞德（Caroline Pond）教授，她了解的生物学知识几乎比任何人都要多，为了避免我的低级错误，她还通读了整份手稿。任何逃过她法眼的错误完全都是我的责任。我要感谢加州大学戴维斯分校的帕梅拉·罗纳德（Pam Ronald）教授，她对最后一章的内容提出了很多意见，还让我提前看到了她与拉乌尔·亚当查克（Raoul Adamchak）合作撰写的新书《明日的餐桌》中的章节。我也很感谢莎伦·施特劳斯（Sharon Strauss）教授，我在开始写这本书的时候，在加州大学戴维斯分校短暂地停留过，当时是她款待了我。最后，我很高兴能向一些新朋友表示感谢，他们是一群非虚构作家，每个月会在爱丁堡的沃什酒吧举行一次以"比小说更离奇"为主题的聚会。他们中有十几位读了这本书的节选章节，并提出了富有洞察力的意见，对此我非常感激。

补充阅读

晚宴邀请函

The Complete Idiot's Guide: T. Reader, *The Complete Idiot's Guide to Smoking Foods* (Alpha/Penguin Group, 2012).

Bubbles in Food: G. M. Campbell, *Bubbles in Food* (Eagan Press, 1999); G. M. Campbell et al., *Bubbles in Food 2: Novelty, Health, and Luxury* (AACC International, 2008).

A Diet of Tripe: T. McLaughlin, *A Diet of Tripe: The Chequered History of Food Reform* (David & Charles, 1978).

No More Bull!: H. F. Lyman et al., *No More Bull!: The Mad Cowboy Targets America's Worst Enemy, Our Diet* (Scribner, 2005).

Handheld Pies: R. Wharton and S. Billingsley, *Handheld Pies: Pint-Sized Sweets and Savories* (Chronicle Books, 2012).

Oxford Symposium: H. Saberi, ed., *Cured, Fermented and Smoked Foods: Proceedings of the Oxford Symposium on Food and Cookery, 2010* (Prospect Books, 2011).

Twin-Screw Extrusion: I. Hayakawa, *Food Processing by Ultra High Pressure Twin-Screw Extrusion* (Technomic Publishing, 1992).

dinosaurs also nested: D. J. Varricchio et al., "Avian Paternal Care Had Dinosaur Origin," *Science* 322, no. 5909 (2008): 1826–28, doi:10.1126/science.1163245.

France is still a global hotspot for these fossils: R. Allain and X. P. Suberbiola, "Dinosaurs of France," *Comptes Rendus Palevol* 2, no. 1 (2003): 27–44, doi:10.1016/s1631-0683(03)00002-2.

9½ tons of milk a year: USDA, *Milk Cows and Production Final Estimates, 2003–2007* (2009).

enough energy to sustain 400 people daily: O. T. Oftedal, "The Evolution of Milk Secretion and Its Ancient Origins," *Animal* 6, no. 3 (2012): 355–68, doi:10.1017/s1751731111001935.

became pseudogenes: D. Brawand et al., "Loss of Egg Yolk Genes in Mammals and the Origin of Lactation and Placentation," *PLOS Biology* (2008), doi:10.1371/journal.pbio.0060063.g001.

An Orchard Invisible: J. Silvertown, *An Orchard Invisible: A Natural History of Seeds* (University of Chicago Press, 2009).

嘉宾　烹饪动物

Cooking Animal: J. Boswell, *The Journal of a Tour to the Hebrides with Samuel Johnson, LLD* (1785), http://www.gutenberg.org/ebooks/6018 (accessed February 22, 2015).

intelligent enough: F. Warneken and A. G. Rosati, "Cognitive Capacities for Cooking in Chimpanzees," *Proceedings of the Royal Society B: Biological Sciences* 282, no. 1809 (2015), doi:10.1098/rspb.2015.0229.

erased by extinction: W. H. Kimbel and B. Villmoare, "From *Australopithecus* to *Homo*: The Transition That Wasn't," *Philosophical Transactions of the Royal Society of London, Series B: Biological Sciences* 371, no. 1698 (2016), doi:10.1098/rstb.2015.0248.

Charles Darwin deduced this: C. Darwin, *The Descent of Man, and Selection in Relation to Sex* (J. Murray, 1901).

mirror for a cover: Ibid., 242.

forensic deduction: J. Kappelman et al., "Perimortem Fractures in Lucy Suggest Mortality from Fall Out of Tall Tree," *Nature* (2016), doi:10.1038/nature19332.

wider range of environments: K. M. Stewart, "Environmental Change and Hominin Exploitation of C4-Based Resources in Wetland/Savanna Mosaics," *Journal of Human Evolution* 77 (2014): 1–16, doi:10.1016/j.jhevol.2014.10.003.

a great deal of chewing: D. Lieberman, *The Evolution of the Human Head* (Belknap Press of Harvard University Press, 2011), 434.

I asked Koko: R. Wrangham, *Catching Fire: How Cooking Made Us Human* (Profile Books, 2009). 91.

cannot have been completely vegetarian: S. P. McPherron et al., "Evidence for Stone-Tool-Assisted Consumption of Animal Tissues Before 3.39 Million Years Ago at Dikika, Ethiopia," *Nature* 466, no. 7308 (2010): 857–60, doi:10.1038/nature09248.

stone tools were manufactured: S. Harmand et al., "3.3-Million-Year-Old Stone Tools from Lomekwi 3, West Turkana, Kenya," *Nature* 521, no. 7552 (2015): 310–15, doi:10.1038/nature14464.

hominins living in Ethiopia: M. Dominguez-Rodrigo et al., "Cutmarked Bones from Pliocene Archaeological Sites, at Gona, Afar, Ethiopia: Implications for the Function of the World's Oldest Stone Tools," *Journal of Human Evolution* 48, no. 2 (2005): 109–21, doi:10.1016/j.jhevol.2004.09.004.

pushing the origin of *H. habilis*: F. Spoor et al., "Reconstructed *Homo habilis* Type OH 7 Suggests Deep-Rooted Species Diversity in Early Homo," *Nature* 519, no. 7541 (2015): 83–86, doi:10.1038/nature14224.

with the same vigor as Lucy: Lieberman, *The Evolution of the Human Head*, 503.

a new fossil jaw: B. Villmoare et al., "Early Homo at 2.8 Ma from Ledi-Geraru, Afar, Ethiopia," *Science* (2015), doi:10.1126/science.aaa1343.

proportions are similar to our own: C. Ruff, "Variation in Human Body Size and Shape," *Annual Review of Anthropology* 31 (2002): 211–32, doi:10.1146/annurev.anthro.31.040402.085407.

half as much chewing: Lieberman, *The Evolution of the Human Head*.

hippo, rhino, and crocodile: D. R. Braun et al., "Early Hominin Diet Included Diverse Terrestrial and Aquatic Animals 1.95 Ma in East Turkana, Kenya," *Proceedings of the National Academy of Sciences of the United States of America* 107, no. 22 (2010): 10002–7, doi:10.1073/pnas.1002181107.

rabbit starvation: S. Bilsborough and N. Mann, "A Review of Issues of Dietary Protein Intake in Humans," *International Journal of Sport Nutrition and Exercise Metabolism* 16, no. 2 (2006): 129–52.

hunter-gatherers: A. Strohle and A. Hahn, "Diets of Modern Hunter-Gatherers Vary Substantially in Their Carbohydrate Content Depending on Ecoenvironments: Results from an Ethnographic Analysis," *Nutrition Research* 31, no. 6 (2011): 429–35, doi:10.1016/j.nutres.2011.05.003.

tropical grasses or sedges: J. Lee-Thorp et al., "Isotopic Evidence for an Early Shift to C$_4$ Resources by Pliocene Hominins in Chad," *Proceedings of the National Academy of Sciences of the United States of America* 109, no. 50 (2012): 20369–72, doi:10.1073/pnas.1204209109.

ancient Egypt: D. Zohary et al., *Domestication of Plants in the Old World: The Origin and Spread of Domesticated Plants in South-West Asia, Europe, and the Mediterranean Basin* (Oxford University Press, 2012), 158.

1,900 plants: M. E. Tumbleson and T. Kommedahl, "Reproductive Potential of *Cyperus esculentus* by Tubers," *Weeds* 9, no. 4 (1961): 646–53, doi:10.2307/4040817.

experimental flake tools: C. Lemorini et al., "Old Stones' Song: Use-Wear Experiments and Analysis of the Oldowan Quartz and Quartzite Assemblage from Kanjera South (Kenya)," *Journal of Human Evolution* 72 (2014): 10–25, doi:10.1016/j.jhevol.2014.03.002.

most complete early human skull: D. Lordkipanidze et al., "A Complete Skull from Dmanisi, Georgia, and the Evolutionary Biology of Early Homo," *Science* 342 (2013): 326–31.

Elephants were hunted: M. Ben-Dor et al., "Man the Fat Hunter: The Demise of *Homo erectus* and the Emergence of a New Hominin Lineage in the Middle Pleistocene (ca. 400 kyr) Levant," *PLOS ONE* 6, no. 12 (2011), doi:10.1371/journal.pone.0028689.

local elephant species went extinct: T. Surovell et al., "Global Archaeological Evidence for Proboscidean Overkill," *Proceedings of the National Academy of Sciences of the United States of America* 102, no. 17 (2005): 6231–36, doi:10.1073/pnas.0501947102.

first cookouts happened: S. E. Bentsen, "Using Pyrotechnology: Fire-Related Features and Activities with a Focus on the African Middle Stone Age," *Journal of Archaeological Research* 22, no. 2 (2014): 141–75, doi:10.1007/s10814-013-9069-x.

biological as well as paleoarchaeological evidence: J. A. J. Gowlett and R. W. Wrangham, "Earliest Fire in Africa: Towards the Convergence of Archaeological Evidence and the Cooking Hypothesis," *Azania-Archaeological Research in Africa* 48, no. 1 (2013): 5–30, doi:10.1080/0067270x.2012.756754.

How Cooking Made Us Human: Wrangham, *Catching Fire*.

a gene called *MHY16*: G. H. Perry et al., "Insights into Hominin Phenotypic and Dietary Evolution from Ancient DNA Sequence Data," *Journal of Human Evolution* 79 (2015): 55–63, doi:10.1016/j.jhevol.2014.10.018.

Cooking increases the digestibility of food: R. N. Carmody and R. W. Wrangham, "The Energetic Significance of Cooking," *Journal of Human Evolution* 57, no. 4 (2009): 379–91, doi:10.1016/j.jhevol.2009.02.011.

Meat and fat: R. N. Carmody et al., "Energetic Consequences of Thermal and Nonthermal Food Processing," *Proceedings of the National Academy of Sciences of the United States of America* 108, no. 48 (2011): 19199–203, doi:10.1073/pnas.1112128108; E. E. Groopman et al., "Cooking Increases Net Energy Gain from a Lipid-Rich Food," *American Journal of Physical Anthropology* 156, no. 1 (2015): 11–18, doi:10.1002/ajpa.22622.

size is not everything: G. Roth and U. Dicke, "Evolution of the Brain and Intelligence," *Trends in Cognitive Sciences* 9, no. 5 (2005): 250–57, doi:10.1016/j.tics.2005.03.005.

Most of this energy: J. J. Harris et al., "Synaptic Energy Use and Supply," *Neuron* 75, no. 5 (2012): 762–77, doi:10.1016/j.neuron.2012.08.019.

economizing on guts: L. C. Aiello and P. Wheeler, "The Expensive Tissue Hypothesis: The Brain and the Digestive System in Human and Primate Evolution," *Current Anthropology* 36, no. 2 (1995): 199–221, doi:10.1086/204350; A. Navarrete et al., "Energetics and the Evolution of Human Brain Size," *Nature* 480, no. 7375 (2011): 91–93, doi:10.1038/nature10629.

27 percent higher: H. Pontzer et al., "Metabolic Acceleration and the Evolution of Human Brain Size and Life History," *Nature* 533, no. 7603 (2016): 390–92, doi:10.1038/nature17654.

our brains grew: Wrangham, *Catching Fire.*

H. heidelbergensis: L. T. Buck and C. B. Stringer, "*Homo heidelbergensis,*" *Current Biology* 24, no. 6 (2014): R214–15, doi:10.1016/j.cub.2013.12.048.

fire whenever they needed it: Bentsen, "Using Pyrotechnology"; N. Goren-Inbar et al., "Evidence of Hominin Control of Fire at Gesher Benot Ya'aqov, Israel," *Science* 304, no. 5671 (2004): 725–27, doi:10.1126/science.1095443.

made of spruce wood: H. Thieme, "Lower Palaeolithic Hunting Spears from Germany," *Nature* 385, no. 6619 (1997): 807–10, doi:10.1038/385807a0.

hunted and butchered horses: T. van Kolfschoten, "The Palaeolithic Locality Schönin-gen (Germany): A Review of the Mammalian Record," *Quaternary International* 326–27 (2014): 469–80, doi:10.1016/j.quaint.2013.11.006.

their meals: M. Balter, "The Killing Ground," *Science* 344, no. 6188 (2014): 1080–83.

an extinct cousin: D. Reich et al., "Genetic History of an Archaic Hominin Group from Denisova Cave in Siberia," *Nature* 468, no. 7327 (2010): 1053–60, doi:10.1038/nature09710.

telltales of an encounter: D. Reich et al., "Denisova Admixture and the First Modern Human Dispersals into Southeast Asia and Oceania," *American Journal of Human Genetics* 89, no. 4 (2011): 516–28, doi:10.1016/j.ajhg.2011.09.005.

a redhead: C. Lalueza-Fox et al., "A Melanocortin 1 Receptor Allele Suggests Vary-ing Pigmentation among Neanderthals," *Science* 318, no. 5855 (2007): 1453–55, doi:10.1126/science.1147417.

common ancestor: K. Prüfer et al., "The Complete Genome Sequence of a Neander-thal from the Altai Mountains," *Nature* 505, no. 7481 (2014): 43–49, doi:10.1038/nature12886.

40,000 years ago: T. Higham et al., "The Timing and Spatiotemporal Patterning of Neanderthal Disappearance," *Nature* 512, no. 7514 (2014): 306–9, doi:10.1038/nature13621.

slightly larger brains: A. W. Froehle and S. E. Churchill, "Energetic Competition between Neandertals and Anatomically Modern Humans," *PaleoAnthropology* (2009): 96–116.

Neanderthal feces: A. Sistiaga et al., "The Neanderthal Meal: A New Perspective Using Faecal Biomarkers," *PLOS ONE* 9, no. 6 (2014), doi:10.1371/journal.pone.0101045.

smoke particles: A. G. Henry et al., "Microfossils in Calculus Demonstrate Consumption of Plants and Cooked Foods in Neanderthal Diets (Shanidar III, Iraq; Spy I and II, Belgium)," *Proceedings of the National Academy of Sciences of the United States of America* 108, no. 2 (2011): 486–91, doi:10.1073/pnas.1016868108.

Mount Carmel: E. Lev et al., "Mousterian Vegetal Food in Kebara Cave, Mt. Car-mel," *Journal of Archaeological Science* 32, no. 3 (2005): 475–84, doi:10.1016/j.jas.2004.11.006.

not very different: A. G. Henry et al., "Plant Foods and the Dietary Ecology of Neander-thals and Early Modern Humans," *Journal of Human Evolution* 69 (2014): 44–54, doi:10.1016/j.jhevol.2013.12.014.

shellfish: I. Gutierrez-Zugasti et al., "The Role of Shellfish in Hunter-Gatherer Societies during the Early Upper Palaeolithic: A View from El Cuco Rockshelter, Northern Spain," *Journal of Anthropological Archaeology* 32, no. 2 (2013): 242–56, doi:10.1016/j.jaa.2013.03.001; D. C. Salazar-Garcia et al., "Neanderthal Diets in Central and Southeastern Mediterranean Iberia," *Quaternary International* 318 (2013): 3–18, doi:10.1016/j.quaint.2013.06.007.

Rock doves: R. Blasco et al., "The Earliest Pigeon Fanciers," *Scientific Reports* 4, no. 5971 (2014), doi:10.1038/srep05971.

头盘　贝类——海滨生活

Boke of Kokery: quoted in W. Sitwell, *A History of Food in 100 Recipes* (Little, Brown, 2013), 58.

many monkeys and apes: A. E. Russon et al., "Orangutan Fish Eating, Primate Aquatic Fauna Eating, and Their Implications for the Origins of Ancestral Hominin Fish Eating," *Journal of Human Evolution* 77 (2014): 50–63, doi:10.1016/j.jhevol.2014.06.007.

Mounds of discarded seashells: M. Álvarez et al., "Shell Middens as Archives of Past Environments, Human Dispersal and Specialized Resource Management," *Quaternary International* 239, nos. 1–2 (2011): 1–7, doi:10.1016/j.quaint.2010.10.025.

crucial to brain development: J. T. Brenna and S. E. Carlson, "Docosahexaenoic Acid and Human Brain Development: Evidence That a Dietary Supply Is Needed for Optimal Development," *Journal of Human Evolution* 77 (2014): 99–106, doi:10.1016/j.jhevol.2014.02.017; S. C. Cunnane and M. A. Crawford, "Energetic and Nutritional Constraints on Infant Brain Development: Implications for Brain Expansion during Human Evolution," *Journal of Human Evolution* 77 (2014): 88–98, doi:10.1016/j.jhevol.2014.05.001.

dined on species of shellfish: C. W. Marean et al., "Early Human Use of Marine Resources and Pigment in South Africa during the Middle Pleistocene," *Nature* 449, no. 7164 (2007): 905–8, doi:10.1038/nature06204.

most of Africa too inhospitable: C. W. Marean, "When the Sea Saved Humanity," *Scientific American* 303, no. 2 (2010): 54–61, doi:10.1038/scientificamerican0810-54; C. W. Marean, "Pinnacle Point Cave 13B (Western Cape Province, South Africa) in Context: The Cape Floral Kingdom, Shellfish, and Modern Human Origins," *Journal of Human Evolution* 59, nos. 3–4 (2010): 425–43, doi:10.1016/j.jhevol.2010.07.011.

the coast of Eritrea: R. C. Walter et al., "Early Human Occupation of the Red Sea Coast of Eritrea during the Last Interglacial," *Nature* 405, no. 6782 (2000): 65–69, doi:10.1038/35011048.

all the way to China: W. Liu et al., "The Earliest Unequivocally Modern Humans in Southern China," *Nature* 526, no. 7575 (2015): 696–99, doi:10.1038/nature15696.

roasted in a fire: M. Cortes-Sanchez et al., "Earliest Known Use of Marine Resources by Neanderthals," *PLOS ONE* 6, no. 9 (2011), doi:10.1371/journal.pone.0024026.

H. sapiens from North Africa traveled eastward: E. A. A. Garcea, "Successes and Failures of Human Dispersals from North Africa," *Quaternary International* 270 (2012): 119–28, doi:10.1016/j.quaint.2011.06.034.

pressure of a growing population: P. Mellars, "Why Did Modern Human Populations Disperse from Africa ca. 60,000 Years Ago? A New Model," *Proceedings of the National Academy of Sciences of the United States of America* 103, no. 25 (2006): 9381–86, doi:10.1073/pnas.0510792103.

recorded thus in our genes: S. Oppenheimer, "Out-of-Africa, the Peopling of Continents and Islands: Tracing Uniparental Gene Trees across the Map," *Philosophical Transactions of the Royal Society of London, Series B: Biological Sciences* 367, no. 1590 (2012): 770–84, doi:10.1098/rstb.2011.0306.

Africa is richly diverse: S. A. Tishkoff et al., "The Genetic Structure and History of Africans and African Americans," *Science* 324, no. 5930 (2009): 1035–44, doi:10.1126/science.1172257.

genetic diversity we lost: S. Ramachandran et al., "Support from the Relationship of Genetic and Geographic Distance in Human Populations for a Serial Founder Effect Originating in Africa," *Proceedings of the National Academy of Sciences of the United States of America* 102, no. 44 (2005): 15942–47, doi:10.1073/pnas.0507611102.

45,000 years ago: T. D. Weaver, "Tracing the Paths of Modern Humans from Africa," *Proceedings of the National Academy of Sciences of the United States of America* 111 (2014): 7170–71.

the coast had become ice-free: E. J. Dixon, "Late Pleistocene Colonization of North America from Northeast Asia: New Insights from Large-Scale Paleogeographic Reconstructions," *Quaternary International* 285 (2013): 57–67, doi:10.1016/j.quaint.2011.02.027.

All native Americans: T. Goebel et al., "The Late Pleistocene Dispersal of Modern Humans in the Americas," *Science* 319, no. 5869 (2008): 1497–502, doi:10.1126/science.1153569.

butchered mastodon bones: E. Marris, "Underwater Archaeologists Unearth Ancient Butchering Site," *Nature* (May 13, 2016), doi:10.1038/nature.2016.19913.

Pacific coast: J. M. Erlandson and T. J. Braje, "From Asia to the Americas by Boat? Paleogeography, Paleoecology, and Stemmed Points of the Northwest Pacific," *Quaternary International* 239, nos. 1–2 (2011): 28–37, doi:10.1016/j.quaint.2011.02.030.

reaching Chile: T. D. Dillehay, *Monte Verde, a Late Pleistocene Settlement in Chile: The Archaeological Context and Interpretation* (Smithsonian Institution Press, 1997).

Tierra del Fuego: A. Prieto et al., "The Peopling of the Fuego-Patagonian Fjords by Littoral Hunter-Gatherers after the Mid-Holocene H1 Eruption of Hudson Volcano," *Quaternary International* 317 (2013): 3–13, doi:10.1016/j.quaint.2013.06.024.

living chiefly upon shellfish: C. Darwin, *The Voyage of HMS Beagle* (Folio Society, 1860), chap. 10.

Archaeological excavations: L. A. Orquera et al., "Littoral Adaptation at the Southern End of South America," *Quaternary International* 239, nos. 1–2 (2011): 61–69, doi:10.1016/j.quaint.2011.02.032.

主食　面包——植物驯化

is an ancestor: D. Zohary et al., *Domestication of Plants in the Old World: The Origin and Spread of Domesticated Plants in South-West Asia, Europe, and the Mediterranean Basin* (Oxford University Press, 2012); P. J. Berkman et al., "Dispersion and Domestication Shaped the Genome of Bread Wheat," *Plant Biotechnology Journal* 11, no. 5 (2013): 564–71, doi:10.1111/pbi.12044.

workers as well as royalty ate wheat bread: D. Samuel, "Investigation of Ancient Egyptian Baking and Brewing Methods by Correlative Microscopy," *Science* 273, no. 5274 (1996): 488–90, doi:10.1126/science.273.5274.488; D. Samuel, "Bread Making and Social Interactions at the Amarna Workmen's Village, Egypt," *World Archaeology* 31, no. 1 (1999): 121–44.

King Nebhepetre Mentuhotep II: Model in the British Museum: http://culturalinstitute.britishmuseum.org/asset-viewer/model-from-the-tomb-of-nebhepetre-mentuhotep-ii/ygG7V06b8fjrfQ?hl=en (accessed November 19, 2016).

tooth wear of Egyptian mummies: J. E. Harris, "Dental Care," *Oxford Encyclopedia of Ancient Egypt*, vol. 1, ed. D. B. Redford (Oxford University Press, 2001): 383–85.

hieroglyphs that, deciphered, read like a comic book: http://www.osirisnet.net/tombes/nobles/antefoqer/e_antefoqer_02.htm (accessed March 12, 2014).

200 kinds of bread: J. Bottéro, *Cooking in Mesopotamia*, trans. T. L. Fagan (University of Chicago Press, 2011).

A dry climate favors the evolution of large seeds: A. T. Moles and M. Westoby, "Seedling Survival and Seed Size: A Synthesis of the Literature," *Journal of Ecology* 92, no. 3 (2004): 372–83.

wild einkorn wheat: J. R. Harlan, "Wild Wheat Harvest in Turkey," *Archaeology* 20, no. 3 (1967): 197–201.

why should anyone: J. R. Harlan and D. Zohary, "Distribution of Wild Wheats and Barley," *Science* 153, no. 3740 (1966): 1074–80, doi:10.1126/science.153.3740.1074.

domestication took thousands of years: M. D. Purugganan and D. Q. Fuller, "Archaeological Data Reveal Slow Rates of Evolution during Plant Domestication," *Evolution* 65, no. 1 (2011): 171–83, doi:10.1111/j.1558-5646.2010.01093.x.

Wild emmer and wild barley were gathered: Zohary et al., *Domestication of Plants in the Old World*.

earliest site where such remains have been discovered: Ibid.

evolving under domestication: D. Q. Fuller et al., "Moving Outside the Core Area," *Journal of Experimental Botany* 63, no. 2 (2012): 617–33, doi:10.1093/jxb/err307; P. Civan et al., "Reticulated Origin of Domesticated Emmer Wheat Supports a Dynamic Model for the Emergence of Agriculture in the Fertile Crescent," *PLOS ONE* 8, no. 11 (2013), doi:10.1371/journal.pone.0081955.

found their winters too severe: C. Darwin, *The Variation of Animals and Plants under Domestication*, vol. 1 (John Murray, 1868).

insufficient rail cars: http://www.agcanada.com/daily/statscan-shows-shockingly-large -crops-all-around (accessed March 19, 2014).

between 500,000 and 800,000 years ago: T. Marcussen et al., "Ancient Hybridizations among the Ancestral Genomes of Bread Wheat," *Science* 345, no. 6194 (2014), doi:10.1126/science.1250092.

as recently as 8,000 years ago: Zohary et al., *Domestication of Plants in the Old World*; J. Dvorak et al., "The Origin of Spelt and Free-Threshing Hexaploid Wheat," *Journal of Heredity* 103, no. 3 (2012): 426–41, doi:10.1093/jhered/esr152.

at least 230,000 years ago: Marcussen et al., "Ancient Hybridizations among the Ancestral Genomes of Bread Wheat."

evolutionary versatility of bread wheat: J. Dubcovsky and J. Dvorak, "Genome Plasticity a Key Factor in the Success of Polyploid Wheat under Domestication," *Science* 316, no. 5833 (2007): 1862–66, doi:10.1126/science.1143986.

A strain of stem rust called Ug99: R. P. Singh et al., "The Emergence of Ug99 Races of the Stem Rust Fungus Is a Threat to World Wheat Production," *Annual Review of Phytopathology* 49, no. 1 (2011): 465–81, doi:10.1146/annurev-phyto-072910-095423.

Charles Darwin's personal library: I. G. Loskutov, *Vavilov and His Institute: A History of the World Collection of Plant Genetic Resources in Russia* (International Plant Genetic Resources Institute, 1999).

his theory that the greatest genetic diversity: N. I. Vavilov and V. F. Dorofeev, *Origin and Geography of Cultivated Plants* (Cambridge University Press, 1992).

has not stood the test of time: J. Dvorak et al., "NI Vavilov's Theory of Centres of Diversity in the Light of Current Understanding of Wheat Diversity, Domestication and Evolution," *Czech Journal of Genetics and Plant Breeding* 47 (2011): S20–S27.

For twenty years the manuscript was believed lost: S. Reznik and Y. Vavilov, "The Russian Scientist Nicolay Vavilov," in *Five Continents by Nicolay Ivanovich Vavilov*, trans. Doris Löve (IPGRI; VIR, 1997), xvii–xxix.

Vavilov wrote: quoted in G. P. Nabhan, *Where Our Food Comes From: Retracing Nikolay Vavilov's Quest to End Famine* (Island Press Shearwater Books, 2009).

weedy relative from which it was domesticated: A. L. Ingram and J. J. Doyle, "The Origin and Evolution of *Eragrostis tef* (Poaceae) and Related Polyploids: Evidence from Nuclear Waxy and Plastid Rps16," *American Journal of Botany* 90, no. 1 (2003): 116–22.

coda to Vavilov's life: Loskutov, *Vavilov and His Institute*.

the Russland-Sammelcommando: Nabhan, *Where Our Food Comes From*.

G. A. Golubev assessed the impact: Ibid., xxiii, 223.

negatively affected by global warming: J. R. Porter et al., *IPCC Fifth Report*, chapter 7: "Food Security and Food Production Systems" (final draft, 2014).

collecting expedition in Persia: N. I. Vavilov, *Five Continents*.

seeds had also become smaller: J. C. Burger et al., "Rapid Phenotypic Divergence of Feral Rye from Domesticated Cereal Rye," *Weed Science* 55, no. 3 (2007): 204–11, doi:10.1614/WS-06-177.1.

the historian V. Gordon Childe: V. G. Childe, *Man Makes Himself* (Spokesman, 1936).

A study compared the number: G. H. Perry et al., "Diet and the Evolution of Human Amylase Gene Copy Number Variation," *Nature Genetics* 39, no. 10 (2007): 1256–60, doi:10.1038/ng2123.

quite the reverse happened: A. L. Mandel and P. A. S. Breslin, "High Endogenous Salivary Amylase Activity Is Associated with Improved Glycemic Homeostasis Following Starch Ingestion in Adults," *Journal of Nutrition* 142, no. 5 (2012): 853–58, doi:10.3945/jn.111.156984.

digestive system of dogs: E. Axelsson et al., "The Genomic Signature of Dog Domestication Reveals Adaptation to a Starch-Rich Diet," *Nature* 495, no. 7441 (2013): 360–64, doi:10.1038/nature11837.

汤品　汤——味道

quite possibly around deep-sea hydrothermal vents: W. Martin et al., "Hydrothermal Vents and the Origin of Life," *Nature Reviews Microbiology* 6, no. 11 (2008): 805–14, doi:10.1038/nrmicro1991; W. F. Martin et al., "Energy at Life's Origin," *Science* 344, no. 6188 (2014): 1092–93, doi:10.1126/science.1251653.

letter written in 1871: C. Darwin, "Letter to J. D. Hooker 1st Feb. 1871," https://www.darwinproject.ac.uk/letter/DCP-LETT-7471.xml (accessed November 5, 2016).

primordial soup: J. B. S. Haldane, "The Origin of Life," *Rationalist Annual* 3 (1929): 3–10.

primordial crêpe or even a primordial vinaigrette: H. S. Bernhardt and W. P. Tate, "Primordial Soup or Vinaigrette: Did the RNA World Evolve at Acidic pH?," *Biology Direct* 7 (2012), doi:10.1186/1745-6150-7-4; G. von Kiedrowski, "Origins of Life—Primordial Soup or Crepes?," *Nature* 381, no. 6577 (1996): 20–21, doi:10.1038/381020a0.

starting with just polysaccharides: V. Tolstoguzov, "Why Are Polysaccharides Necessary?," *Food Hydrocolloids* 18, no. 5 (2004): 873–77, doi:10.1016/j.foodhyd.2003.11.011.

soup is the basis of our national diet: J. A. Brillat-Savarin, *The Physiology of Taste* (Everyman, 2009), 85.

Beautiful Soup, so rich and green: The Mock Turtle's song from *Alice in Wonderland*.

Harold McGee: H. McGee, *McGee on Food and Cooking* (Hodder & Stoughton, 2004).

sixth taste: R. S. Keast and A. Costanzo, "Is Fat the Sixth Taste Primary? Evidence and Implications," *Flavour* 4, no. 1 (2015): 1–7, doi:10.1186/2044-7248-4-5.

published a paper in Japanese: K. Ikeda, "New Seasonings," *Chemical Senses* 27, no. 9 (2002): 847–49, doi:10.1093/chemse/27.9.847 (translated from the Japanese original published in 1909).

seaweeds from the most saline oceans: O. G. Mouritsen, *Seaweeds: Edible, Available, and Sustainable* (University of Chicago Press, 2013).

trigger an umami taste bomb: O. G. Mouritsen et al., *Umami: Unlocking the Secrets of the Fifth Taste* (Columbia University Press, 2014).

starting point for any soup: L. Bareham, *A Celebration of Soup* (Michael Joseph, 1993).

supplied by inosinate: K. Kurihara, "Glutamate: From Discovery as a Food Flavor to Role as a Basic Taste (Umami)," *American Journal of Clinical Nutrition* 90, no. 3 (2009): 719S–22S, doi:10.3945/ajcn.2009.27462D.

its existence as a fifth taste: B. Lindemann et al., "The Discovery of Umami," *Chemical Senses* 27, no. 9 (2002): 843–44, doi:10.1093/chemse/27.9.843.

tests of the quality of soy sauce: Ikeda, "New Seasonings."

cells in taste buds: N. Chaudhari et al., "A Metabotropic Glutamate Receptor Variant Functions as a Taste Receptor," *Nature Neuroscience* 3, no. 2 (2000): 113–19, doi:10.1038/72053.

the ability to taste sugar: P. H. Jiang et al., "Major Taste Loss in Carnivorous Mammals," *Proceedings of the National Academy of Sciences of the United States of America* 109, no. 13 (2012): 4956–61, doi:10.1073/pnas.1118360109.

Studies in mice: J. Chandrashekar et al., "The Cells and Peripheral Representation of Sodium Taste in Mice," *Nature* 464, no. 7286 (2010): 297–301, doi:10.1038/nature08783.

cucumber beetle: C. P. Da Costa and C. M. Jones, "Cucumber Beetle Resistance and Mite Susceptibility Controlled by the Bitter Gene in *Cucumis sativus* L," *Science* 172, no. 3988 (1971): 1145–46, doi:10.1126/science.172.3988.1145.

thick soups such as cream of onion: R. Man and R. Weir, *The Mustard Book* (Grub Street, 2010).

bitter taste of hops: D. Intelmann et al., "Three TAS2R Bitter Taste Receptors Mediate the Psychophysical Responses to Bitter Compounds of Hops (*Humulus lupulus* L.) and Beer," *Chemosensory Perception* 2, no. 3 (2009): 118–32, doi:10.1007/s12078-009-9049-1.

parted company 93 million years ago: http://www.timetree.org/index.php?taxon_a=mouse&taxon_b=human&submit=Search (accessed October 28, 2014).

receptor genes for bitter compounds: D. Y. Li and J. Z. Zhang, "Diet Shapes the Evolution of the Vertebrate Bitter Taste Receptor Gene Repertoire," *Molecular Biology and Evolution* 31, no. 2 (2014): 303–9, doi:10.1093/molbev/mst219.

The 11 pseudogenes: Y. Go et al., "Lineage-Specific Loss of Function of Bitter Taste Receptor Genes in Humans and Nonhuman Primates," *Genetics* 170, no. 1 (2005): 313–26, doi:10.1534/genetics.104.037523.

Mice engineered: K. L. Mueller et al., "The Receptors and Coding Logic for Bitter Taste," *Nature* 434, no. 7030 (2005): 221–25, doi:10.1038/nature03366.

react differently to sour-tasting things: D. G. Liem and J. A. Mennella, "Heightened Sour Preferences during Childhood," *Chemical Senses* 28, no. 2 (2003): 173–80.

ability to taste: D. Drayna, "Human Taste Genetics," *Annual Review of Genomics and Human Genetics* 6 (2005): 217–35.

Edinburgh Zoo: R. A. Fisher et al., "Taste-Testing the Anthropoid Apes," *Nature* 144 (1939): 750.

evenly balanced: Drayna, "Human Taste Genetics."

anti-cancer properties: Y. Shang et al., "Biosynthesis, Regulation, and Domestication of Bitterness in Cucumber," *Science* 346, no. 6213 (2014): 1084–88, doi:10.1126/science.1259215.

副菜　鱼——气味

can then be enjoyed as sashimi: O. G. Mouritsen et al., *Umami: Unlocking the Secrets of the Fifth Taste* (Columbia University Press, 2014).

Even pain receptors: F. Viana, "Chemosensory Properties of the Trigeminal System," *ACS Chemical Neuroscience* 2, no. 1 (2011): 38–50, doi:10.1021/cn100102c.

Père Polycarpe Poncelet: "*Chimie du goût et de l'odorat* [1st ed., 1755]," described by A. Davidson, "Tastes, Aromas, Flavours," in *Oxford Symposium on Food and Cookery, 1987: Taste*, ed. T. Jaine (Prospect Books, 1988): 9–14.

Aristotle: quoted in G. M. Shepherd, *Neurogastronomy: How the Brain Creates Flavor and Why It Matters* (Columbia University Press, 2012), 12.

different olfactory receptors: Y. Niimura, "Olfactory Receptor Multigene Family in

Vertebrates: From the Viewpoint of Evolutionary Genomics," *Current Genomics* 13, no. 2 (2012): 103–14.

African elephants: Y. Niimura et al., "Extreme Expansion of the Olfactory Receptor Gene Repertoire in African Elephants and Evolutionary Dynamics of Orthologous Gene Groups in 13 Placental Mammals," *Genome Research* 24, no. 9 (2014): 1485–96, doi:10.1101/gr.169532.113.

a great deal of evolutionary change: Y. Niimura and M. Nei, "Extensive Gains and Losses of Olfactory Receptor Genes in Mammalian Evolution," *PLOS ONE* 2, no. 8 (2007), doi:10.1371/journal.pone.0000708.

more than a trillion distinct smells: C. Bushdid et al., "Humans Can Discriminate More than 1 Trillion Olfactory Stimuli," *Science* 343, no. 6177 (2014): 1370–72, doi:10.1126/science.1249168.

combine them in all the ways imaginable: M. Auvray and C. Spence, "The Multisensory Perception of Flavor," *Consciousness and Cognition* 17, no. 3 (2008): 1016–31, doi:10.1016/j.concog.2007.06.005.

we remain unaware: G. M. Shepherd, "The Human Sense of Smell: Are We Better than We Think?," *PLOS Biology* 2, no. 5 (2004): e146, doi:10.1371/journal.pbio.0020146.

600 alleles each: T. Olender et al., "Personal Receptor Repertoires: Olfaction as a Model," *BMC Genomics* 13 (2012), doi:10.1186/1471-2164-13-414.

Every one of these alleles is used: B. Keverne, "Monoallelic Gene Expression and Mammalian Evolution," *Bioessays* 31, no. 12 (2009): 1318–26, doi:10.1002/bies.200900074.

liked cilantro or not: N. Eriksson et al., "A Genetic Variant Near Olfactory Receptor Genes Influences Cilantro Preference," *Flavour* 1, no. 22 (2012), doi:10.1186/2044-7248-1-22.

how evolution has adapted their muscles: H. McGee, *McGee on Food and Cooking* (Hodder & Stoughton, 2004).

the use of garum: R. I. Curtis, "Umami and the Foods of Classical Antiquity," *American Journal of Clinical Nutrition* 90, no. 3 (2009): 712S–18S, doi:10.3945/ajcn.2009.27462C.

only large-scale factory industry: A. Dalby and S. Grainger, *The Classical Cookbook* (British Museum Press, 1996).

garum tycoon from ill-fated Pompeii: Curtis, "Umami and the Foods of Classical Antiquity."

主菜　肉类——食肉性

Meat also contributes: N. Mann, "Dietary Lean Red Meat and Human Evolution," *European Journal of Nutrition* 39, no. 2 (2000): 71–79, doi:10.1007/s003940050005.

association with these parasites: E. P. Hoberg et al., "Out of Africa: Origins of the *Taenia* Tapeworms in Humans," *Proceedings of the Royal Society of London: Series B, Biological Sciences* 268, no. 1469 (2001): 781–87.

Trichinella spiralis: D. S. Zarlenga et al., "Post-Miocene Expansion, Colonization, and Host Switching Drove Speciation among Extant Nematodes of the Archaic Genus *Trichinella*," *Proceedings of the National Academy of Sciences of the United States of America* 103, no. 19 (2006): 7354–59, doi:10.1073/pnas.0602466103.

well-protected against heat shock: G. H. Perry, "Parasites and Human Evolution," *Evolutionary Anthropology* 23, no. 6 (2014): 218–28, doi:10.1002/evan.21427.

first recognizable animal: M. Aubert et al., "Pleistocene Cave Art from Sulawesi, Indonesia," *Nature* 514, no. 7521 (2014): 223–27, doi:10.1038/nature13422.

Babyrousa babyrussa: L. Watson, *The Whole Hog: Exploring the Extraordinary Potential of Pigs* (Profile, 2004).

Chauvet cave: http://www.bradshawfoundation.com/chauvet/ (accessed July 14, 2015); J. Combier and G. Jouve, "Nouvelles recherches sur l'identité culturelle et stylistique de la grotte Chauvet et sur sa datation par la méthode du 14C," *L'Anthropologie* 118, no. 2 (2014): 115–51, doi:10.1016/j.anthro.2013.12.001.

reindeer meat: S. Gaudzinski-Windheuser and L. Niven, "Hominin Subsistence Patterns during the Middle and Late Paleolithic in Northwestern Europe," in *The Evolution of Hominin Diets*, Vertebrate Paleobiology and Paleoanthropology, ed. J.-J. Hublin and M. Richards (Springer Netherlands, 2009), 99–111.

a cobblestone: M. Mariotti Lippi et al., "Multistep Food Plant Processing at Grotta Paglicci (Southern Italy) around 32,600 Cal B.P.," *Proceedings of the National Academy of Sciences of the United States of America* 112, no. 39 (2015): 12075–80, doi:10.1073 /pnas.1505213112.

caches that wild field mice make: M. Jones, "Moving North: Archaeobotanical Evidence for Plant Diet in Middle and Upper Paleolithic Europe," in *The Evolution of Hominin Diets*, Vertebrate Paleobiology and Paleoanthropology, ed. J.-J. Hublin and M. Richards (Springer Netherlands, 2009), 171–80.

vegetation changed: E. Willerslev et al., "Fifty Thousand Years of Arctic Vegetation and Megafaunal Diet," *Nature* 506, no. 7486 (2014): 47–51, doi:10.1038/nature 12921.

variety of gray wolf: J. A. Leonard et al., "Megafaunal Extinctions and the Disappearance of a Specialized Wolf Ecomorph," *Current Biology* 17, no. 13 (2007): 1146–50, doi:10.1016/j.cub.2007.05.072.

remnant populations: M. Hofreiter and I. Barnes, "Diversity Lost: Are All Holarctic Large Mammal Species Just Relict Populations?," *BMC Biology* 8 (2010): 46, doi:10.1186/1741-7007-8-46.

hunters finishing off: A. J. Stuart, "Late Quaternary Megafaunal Extinctions on the Continents: A Short Review," *Geological Journal* 50, no. 3 (2015): 338–63, doi:10.1002 /gj.2633.

favorite food: H. Bocherens et al., "Reconstruction of the Gravettian Food-Web at Předmostí I Using Multi-Isotopic Tracking (13C, 15N, 34S) of Bone Collagen," *Quaternary International* 359 (2015): 211–28, doi:10.1016/j.quaint.2014.09.044.

mammoth was an evergreen favorite: P. Shipman, "How Do You Kill 86 Mammoths? Taphonomic Investigations of Mammoth Megasites," *Quaternary International* 359–60 (2015): 38–46, doi:10.1016/j.quaint.2014.04.048.

Wrangel Island: A. J. Stuart et al., "Pleistocene to Holocene Extinction Dynamics in Giant Deer and Woolly Mammoth," *Nature* 431 (2004): 684–89.

began to broaden their diet: M. C. Stiner and N. D. Munro, "Approaches to Prehistoric Diet Breadth, Demography, and Prey Ranking Systems in Time and Space," *Journal of Archaeological Method and Theory* 9, no. 2 (June 2002): 181–214.

Ohalo II: L. A. Maher et al., "The Pre-Natufian Epipaleolithic: Long-Term Behavioral Trends in the Levant," *Evolutionary Anthropology* 21, no. 2 (2012): 69–81, doi:10.1002 /evan.21307.

weeds of cultivation: A. Snir et al., "The Origin of Cultivation and Proto-Weeds, Long Before Neolithic Farming," *PLOS ONE* 10, no. 7 (2015), doi:10.1371/journal .pone.0131422.

people at Ohalo II ate: D. Nadel et al., "On the Shore of a Fluctuating Lake: Environmental Evidence from Ohalo II (19,500 BP)," *Israel Journal of Earth Sciences* 53, nos. 3–4, special issue (2004): 207–23, doi:10.1560/v3cu-ebr7-ukat-uca6.

site near Haifa called el-Wad: R. Yeshurun et al., "Intensification and Sedentism in the Terminal Pleistocene Natufian Sequence of el-Wad Terrace (Israel)," *Journal of Human Evolution* 70 (2014): 16–35, doi:10.1016/j.jhevol.2014.02.011.

Aşıklı Höyük: M. C. Stiner et al., "A Forager-Herder Trade-Off, from Broad-Spectrum Hunting to Sheep Management at A ıklı Höyük, Turkey," *Proceedings of the National*

Academy of Sciences of the United States of America 111, no. 23 (2014): 8404–9, doi:10.1073/pnas.1322723111.

children born per woman nearly doubled: E. Guerrero, S. Naji, and J.-P. Bocquet-Appel, "The Signal of the Neolithic Demographic Transition in the Levant," in *The Neolithic Demographic Transition and Its Consequences*, ed. J.-P. Bocquet-Appel and O. Bar-Yosef (Springer, 2008), 57–80, doi:10.1007/978-1-4020-8539-0_4.

global phenomenon: P. Bellwood and M. Oxenham, "The Expansions of Farming Societies and the Role of the Neolithic Demographic Transition," in ibid., 13–34, doi:10.1007/978-1-4020-8539-0_2.

You'll get mixed up: Dr. Seuss, *Oh, the Places You'll Go!* (Random House, 1990).

genetic affinity with modern domestic chickens: H. Xiang et al., "Early Holocene Chicken Domestication in Northern China," *Proceedings of the National Academy of Sciences of the United States of America* 111, no. 49 (2014): 17564–69, doi:10.1073/pnas.1411882111.

independently domesticated: S. Kanginakudru et al., "Genetic Evidence from Indian Red Jungle Fowl Corroborates Multiple Domestication of Modern Day Chicken," *BMC Evolutionary Biology* 8 (2008): 174, doi:10.1186/1471-2148-8-174; Y. P. Liu et al., "Multiple Maternal Origins of Chickens: Out of the Asian Jungles," *Molecular Phylogenetics and Evolution* 38, no. 1 (2006): 12–19, doi:10.1016/j.ympev.2005.09.014.

an edible souvenir: A. A. Storey et al., "Investigating the Global Dispersal of Chickens in Prehistory Using Ancient Mitochondrial DNA Signatures," *PLOS ONE* 7, no. 7 (2012), doi:10.1371/journal.pone.0039171.

the grey jungle fowl: J. Eriksson et al., "Identification of the Yellow Skin Gene Reveals a Hybrid Origin of the Domestic Chicken," *PLOS Genetics* 4, no. 2 (2008), doi:10.1371/journal.pgen.1000010.

three separate introductions: J. M. Mwacharo et al., "The History of African Village Chickens: An Archaeological and Molecular Perspective," *African Archaeological Review* 30, no. 1 (2013): 97–114, doi:10.1007/s10437-013-9128-1; J. M. Mwacharo et al., "Reconstructing the Origin and Dispersal Patterns of Village Chickens across East Africa: Insights from Autosomal Markers," *Molecular Ecology* 22, no. 10 (2013): 2683–97, doi:10.1111/mec.12294.

most heroic of all migrations: P. V. Kirch, "Peopling of the Pacific: A Holistic Anthropological Perspective," *Annual Review of Anthropology* 39, no. 1 (2010): 131–48, doi:10.1146/annurev.anthro.012809.104936; J. M. Wilmshurst et al., "High-Precision Radiocarbon Dating Shows Recent and Rapid Initial Human Colonization of East Polynesia," *Proceedings of the National Academy of Sciences of the United States of America* 108, no. 5 (2011): 1815–20, doi:10.1073/pnas.1015876108.

chicken houses: J. Diamond, *Collapse: How Societies Choose to Fail or Survive* (Allen Lane, 2005).

prehistoric Polynesian chickens: Storey et al., "Investigating the Global Dispersal of Chickens"; A. A. Storey, "Polynesian Chickens in the New World: A Detailed Application of a Commensal Approach," *Archaeology in Oceania* 48 (2013): 101–19, doi:10.1002/arco.5007.

Spanish conquistador Francisco Pizarro: S. M. Fitzpatrick and R. Callaghan, "Examining Dispersal Mechanisms for the Translocation of Chicken (*Gallus gallus*) from Polynesia to South America," *Journal of Archaeological Science* 36, no. 2 (2009): 214–23, doi:10.1016/j.jas.2008.09.002.

ball bearings: J. Flenley and P. Bahn, *The Enigmas of Easter Island* (Oxford University Press, 2002).

Ecuador and Peru: C. Roullier et al., "Historical Collections Reveal Patterns of Diffusion of Sweet Potato in Oceania Obscured by Modern Plant Movements and Recombination," *Proceedings of the National Academy of Sciences of the United States of America* 110, no. 6 (2013): 2205–10, doi:10.1073/pnas.1211049110.

were made welcome: J. V. Moreno-Mayar et al., "Genome-Wide Ancestry Patterns in Rapanui Suggest Pre-European Admixture with Native Americans," *Current Biology* 24, no. 21 (2014): 2518–25, doi:10.1016/j.cub.2014.09.057.

15,000 years ago: D. F. Morey, "In Search of Paleolithic Dogs: A Quest with Mixed Results," *Journal of Archaeological Science* 52 (2014): 300–307, doi:10.1016/j .jas.2014.08.015.

twice as old: Shipman, "How Do You Kill 86 Mammoths?"

all points of the compass: F. H. Lv et al., "Mitogenomic Meta-Analysis Identifies Two Phases of Migration in the History of Eastern Eurasian Sheep," *Molecular Biology and Evolution* 32, no. 10 (2015): 2515–33, doi:10.1093/molbev/msv139.

northern China: J. Dodson et al., "Oldest Directly Dated Remains of Sheep in China," *Scientific Reports* 4 (2014), doi:10.1038/srep07170.

1,500 different breeds: P. Taberlet et al., "Conservation Genetics of Cattle, Sheep, and Goats," *Comptes Rendus Biologies* 334, no. 3 (2011): 247–54, doi:10.1016/j .crvi.2010.12.007.

fat tail: M. H. Moradi et al., "Genomic Scan of Selective Sweeps in Thin and Fat Tail Sheep Breeds for Identifying of Candidate Regions Associated with Fat Deposition," *BMC Genetics* 13 (2012): 10, doi:10.1186/1471-2156-13-10.

traditional cooking medium: J. Tilsley-Benham, "Sheep with Two Tails: Sheep's Tail Fat as a Cooking Medium in the Middle East," *Oxford Symposium on Food & Cookery, 1986: The Cooking Medium: Proceedings*, ed. T. Jaine (Prospect Books, 1987), 46–50.

the transition that took place: N. Marom and G. Bar-Oz, "The Prey Pathway: A Regional History of Cattle (*Bos taurus*) and Pig (*Sus scrofa*) Domestication in the Northern Jordan Valley, Israel," *PLOS ONE* 8, no. 2 (2013): e55958, doi:10.1371/journal .pone.0055958.

domesticated three times: J. E. Decker et al., "Worldwide Patterns of Ancestry, Divergence, and Admixture in Domesticated Cattle," *PLOS Genetics* 10, no. 3 (2014), doi:10.1371/journal.pgen.1004254.

Studies of human genetics: W. Haak et al., "Ancient DNA from European Early Neolithic Farmers Reveals Their Near Eastern Affinities," *PLOS Biology* 8, no. 11 (2010): e1000536, doi:10.1371/journal.pbio.1000536; Q. M. Fu et al., "Complete Mitochondrial Genomes Reveal Neolithic Expansion into Europe," *PLOS ONE* 7, no. 3 (2012), doi:10.1371/journal.pone.0032473.

dispersed into Europe: R. Pinhasi et al., "Tracing the Origin and Spread of Agriculture in Europe," *PLOS Biology* 3, no. 12 (2005): e410, doi:10.1371/journal.pbio.0030410.

first farmers in Anatolia: A. Gibbons, "First Farmers' Motley Roots," *Science* 353, no. 6296 (2016): 207–8.

nomadic pastoralism: O. Hanotte et al., "African Pastoralism: Genetic Imprints of Origins and Migrations," *Science* 296, no. 5566 (2002): 336–39, doi:10.1126 /science.1069878.

evolutionary home: L. A. F. Frantz et al., "Genome Sequencing Reveals Fine Scale Diversification and Reticulation History during Speciation in Sus," *Genome Biology* 14, no. 9 (2013), doi:10.1186/gb-2013-14-9-r107.

six or seven times: G. Larson et al., "Worldwide Phylogeography of Wild Boar Reveals Multiple Centers of Pig Domestication," *Science* 307, no. 5715 (2005): 1618–21.

twice in China: G. S. Wu et al., "Population Phylogenomic Analysis of Mitochondrial DNA in Wild Boars and Domestic Pigs Revealed Multiple Domestication Events in East Asia," *Genome Biology* 8, no. 11 (2007), doi:10.1186/gb-2007-8-11-r245.

Vietnam: G. Larson et al., "Phylogeny and Ancient DNA of *Sus* Provides Insights into Neolithic Expansion in Island Southeast Asia and Oceania," *Proceedings of the National Academy of Sciences of the United States of America* 104, no. 12 (2007): 4834–39, doi:10.1073/pnas.0607753104.

religious taboo: Watson, *The Whole Hog*.

red deer: J. Clutton-Brock, *A Natural History of Domesticated Mammals* (Cambridge University Press, 1999).

domesticated twice: K. H. Roed et al., "Genetic Analyses Reveal Independent Domestication Origins of Eurasian Reindeer," *Proceedings of the Royal Society B: Biological Sciences* 275, no. 1645 (2008): 1849–55, doi:10.1098/rspb.2008.0332.

The Variation of Animals and Plants under Domestication: C. Darwin, *The Variation of Animals and Plants under Domestication* (John Murray, 1868).

Douglas Adams: D. Adams, *The Restaurant at the End of the Universe* (Random House, 2008).

Siberian silver foxes: L. Trut et al., "Animal Evolution during Domestication: The Domesticated Fox as a Model," *Bioessays* 31, no. 3 (2009): 349–60, doi:10.1002/bies.200800070.

Russian scientists: Ibid.

no one has yet been able to find it: G. Larson and D. Q. Fuller, "The Evolution of Animal Domestication," *Annual Review of Ecology, Evolution, and Systematics* 45, no. 1 (2014): 115–36, doi:10.1146/annurev-ecolsys-110512-135813.

another explanation: A. S. Wilkins et al., "The 'Domestication Syndrome' in Mammals: A Unified Explanation Based on Neural Crest Cell Behavior and Genetics," *Genetics* 197, no. 3 (2014): 795–808, doi:10.1534/genetics.114.165423.

hunter-gatherers who live this way today: A. Strohle and A. Hahn, "Diets of Modern Hunter-Gatherers Vary Substantially in Their Carbohydrate Content Depending on Ecoenvironments: Results from an Ethnographic Analysis," *Nutrition Research* 31, no. 6 (2011): 429–35, doi:10.1016/j.nutres.2011.05.003; C. Higham, "Hunter-Gatherers in Southeast Asia: From Prehistory to the Present," *Human Biology* 85, no. 1–3 (2013): 21–43.

配菜 1　蔬菜——多样化

4,000 different species: S. Proches et al., "Plant Diversity in the Human Diet: Weak Phylogenetic Signal Indicates Breadth," *Bioscience* 58, no. 2 (2008): 151–59, doi:10.1641/b580209.

lectins that in nature protect beans: G. Vandenborre et al., "Plant Lectins as Defense Proteins against Phytophagous Insects," *Phytochemistry* 72, no. 13 (2011): 1538–50, doi:10.1016/j.phytochem.2011.02.024.

poisonous results: J. C. Rodhouse et al., "Red Kidney Bean Poisoning in the UK—An Analysis of 50 Suspected Incidents between 1976 and 1989," *Epidemiology and Infection* 105, no. 3 (1990): 485–91.

walking stick: http://jerseyeveningpost.com/island-life/history-heritage/giant-cabbage/ (accessed April 28, 2015).

Trophy: L. H. Bailey, *The Survival of the Unlike: A Collection of Evolution Essays Suggested by the Study of Domestic Plants* (Macmillan, 1897).

remarkable changes made by artificial selection: Y. Bai and P. Lindhout, "Domestication and Breeding of Tomatoes: What Have We Gained and What Can We Gain in the Future?," *Annals of Botany* 100, no. 5 (2007): 1085–94, doi:10.1093/aob/mcm150.

a handful of genes: E. van der Knaap et al., "What Lies beyond the Eye: The Molecular Mechanisms Regulating Tomato Fruit Weight and Shape," *Frontiers in Plant Science* 5 (2014), doi:10.3389/fpls.2014.00227.

increased its size: Bailey, *The Survival of the Unlike*, 485.

big changes in crops: J. F. Hancock, *Plant Evolution and the Origin of Crop Species* (CABI, 2012).

domesticated by the Maya: J. A. Jenkins, "The Origin of the Cultivated Tomato," *Economic Botany* 2, no. 4 (1948): 379–92, doi:10.1007/BF02859492.

Lilliputian fruits: Hancock, *Plant Evolution and the Origin of Crop Species.*

a huge variety of *tomatl*: S. D. Coe, *America's First Cuisines* (University of Texas Press, 1994).

heirloom tomato website: http://www.heirloomtomatoes.net/Varieties.html (accessed April 16, 2015).

70 crops in cultivation: O. F. Cook, "Peru as a Center of Domestication: Tracing the Origin of Civilization through Domesticated Plants (continued)," *Journal of Heredity* 16, no. 3 (1925): 95–110.

16,000–17,000 years ago: N. Misarti et al., "Early Retreat of the Alaska Peninsula Glacier Complex and the Implications for Coastal Migrations of First Americans," *Quaternary Science Reviews* 48 (2012): 1–6, doi:10.1016/j.quascirev.2012.05.014.

then-established view: T. D. Dillehay, "Battle of Monte Verde," *The Sciences* (January/ February 1997): 28–33.

including wild potatoes: T. D. Dillehay et al., "Monte Verde: Seaweed, Food, Medicine, and the Peopling of South America," *Science* 320, no. 5877 (2008): 784–86, doi:10.1126/science.1156533.

eating peanuts, squash: D. R. Piperno and T. D. Dillehay, "Starch Grains on Human Teeth Reveal Early Broad Crop Diet in Northern Peru," *Proceedings of the National Academy of Sciences of the United States of America* 105, no. 50 (2008): 19622–27, doi:10.1073/pnas.0808752105.

plant remains: T. D. Dillehay et al., "Preceramic Adoption of Peanut, Squash, and Cotton in Northern Peru," *Science* 316, no. 5833 (2007): 1890–93, doi:10.1126 /science.1141395.

a single wild species called *Solanum candolleanum*: D. M. Spooner et al., "Systematics, Diversity, Genetics, and Evolution of Wild and Cultivated Potatoes," *Botanical Review* 80, no. 4 (2014): 283–383, doi:10.1007/s12229-014-9146-y.

3,000 potato landraces: Ibid.

Solanum hydrothericum: National Research Council, *Lost Crops of the Incas: Little-Known Plants of the Andes with Promise for Worldwide Cultivation* (National Academy Press, 1989).

resist aphids better: K. L. Flanders et al., "Insect Resistance in Potatoes—Sources, Evolutionary Relationships, Morphological and Chemical Defenses, and Ecogeographical Associations," *Euphytica* 61, no. 2 (1992): 83–111, doi:10.1007/bf000 26800.

resistance to late blight: G. M. Rauscher et al., "Characterization and Mapping of $R_{Pi\text{-}ber}$, a Novel Potato Late Blight Resistance Gene from *Solanum berthaultii*," *Theoretical and Applied Genetics* 112, no. 4 (2006): 674–87, doi:10.1007/s00122-005-0171-4.

a million people died: J. Reader, *The Untold History of the Potato* (Vintage, 2009).

evolved resistance: Y. T. Hwang et al., "Evolution and Management of the Irish Potato Famine Pathogen *Phytophthora infestans* in Canada and the United States," *American Journal of Potato Research* 91, no. 6 (2014): 579–93, doi:10.1007/s12230-014 -9401-0.

chuño: Reader, *The Untold History of the Potato.*

garden dedicated to the sun: Ibid.

move thousands of people: National Research Council, *Lost Crops of the Incas.*

almost 20 other root crops: Ibid.

Manioc (*Manihot esculenta*): K. M. Olsen and B. A. Schaal, "Evidence on the Origin of Cassava: Phylogeography of *Manihot esculenta*," *Proceedings of the National Academy of Sciences of the United States of America* 96, no. 10 (1999): 5586–91, doi:10.1073 /pnas.96.10.5586.

grown in gardens by forest dwellers: M. Arroyo-Kalin, "The Amazonian Formative: Crop Domestication and Anthropogenic Soils," *Diversity* 2, no. 4 (2010): 473–504, doi:10.3390/d2040473.

non-toxic varieties of manioc: D. McKey et al., "Chemical Ecology in Coupled Human and Natural Systems: People, Manioc, Multitrophic Interactions and Global Change," *Chemoecology* 20, no. 2 (2010): 109–33, doi:10.1007/s00049-010-0047-1.

300 million years ago: C. C. Labandeira, "Early History of Arthropod and Vascular Plant Associations," *Annual Review of Earth and Planetary Sciences* 26 (1998): 329–77, doi:10.1146/annurev.earth.26.1.329.

similar to the one that produces cyanogenic glycosides: J. E. Rodman et al., "Parallel Evolution of Glucosinolate Biosynthesis Inferred from Congruent Nuclear and Plastid Gene Phylogenies," *American Journal of Botany* 85, no. 7 (1998): 997–1006, doi:10.2307/2446366.

tumor-suppressing effects: M. Traka and R. Mithen, "Glucosinolates, Isothiocyanates and Human Health," *Phytochemistry Reviews* 8, no. 1 (2009): 269–82, doi:10.1007/s11101-008-9103-7.

detoxification mechanism evolved: C. W. Wheat et al., "The Genetic Basis of a Plant-Insect Coevolutionary Key Innovation," *Proceedings of the National Academy of Sciences of the United States of America* 104, no. 51 (2007): 20427–31, doi:10.1073/pnas.0706229104.

a thousand new butterfly species: M. F. Braby and J. W. H. Trueman, "Evolution of Larval Host Plant Associations and Adaptive Radiation in Pierid Butterflies," *Journal of Evolutionary Biology* 19, no. 5 (2006): 1677–90.

tolerate cyanide: E. J. Stauber et al., "Turning the 'Mustard Oil Bomb' into a 'Cyanide Bomb': Aromatic Glucosinolate Metabolism in a Specialist Insect Herbivore," *PLOS ONE* 7, no. 4 (2012), doi:10.1371/journal.pone.0035545.

experimental results: T. Zust et al., "Natural Enemies Drive Geographic Variation in Plant Defenses," *Science* 338, no. 6103 (2012): 116–19, doi:10.1126/science.1226397.

greatest genetic variation: B. Pujol et al., "Microevolution in Agricultural Environments: How a Traditional Amerindian Farming Practice Favors Heterozygosity in Cassava (*Manihot esculenta* Crantz, Euphorbiaceae)," *Ecology Letters* 8, no. 2 (2005): 138–47, doi:10.1111/j.1461-0248.2004.00708.x.

drew a diagram: I. Ahuja et al., "Defence Mechanisms of Brassicaceae: Implications for Plant-Insect Interactions and Potential for Integrated Pest Management: A Review," *Agronomy for Sustainable Development* 30, no. 2 (2010): 311–48, doi:10.1051/agro/2009025.

Modern genomic analysis: T. Arias et al., "Diversification Times among Brassica (Brassicaceae) Crops Suggest Hybrid Formation after 20 Million Years of Divergence," *American Journal of Botany* 101, no. 1 (2014): 86–91, doi:10.3732/ajb.1300312.

a cross between wild black mustard weeds: Hancock, *Plant Evolution and the Origin of Crop Species.*

配菜 2　香草和香料——辛辣

The Arabians say: J. Keay, *The Spice Route: A History* (John Murray, 2005).

Hernán Cortés: J. Turner, *Spice: The History of a Temptation* (Harper Perennial, 2005), 11.

Pharaoh Ramses II: A. Gilboa and D. Namdar, "On the Beginnings of South Asian Spice Trade with the Mediterranean Region: A Review," *Radiocarbon* 57, no. 2 (2015): 265–83, doi:10.2458/azu_rc.57.18562.

The black pepper vine: D. Q. Fuller et al., "Across the Indian Ocean: The Prehistoric Movement of Plants and Animals," *Antiquity* 85, no. 328 (2011): 544–58.

trail of lost Roman coins: Keay, *The Spice Route.*

the Phoenicians: Gilboa and Namdar, "On the Beginnings of South Asian Spice Trade."

some have argued: P. W. Sherman and J. Billing, "Darwinian Gastronomy: Why We Use Spices," *Bioscience* 49, no. 6 (1999): 453–63, doi:10.2307/1313553.

make matters worse: Keay, *The Spice Route*.

Allium: E. Block, *Garlic and Other Alliums: The Lore and the Science* (Royal Society of Chemistry Publications, 2010).

half a million carbon atoms: N. Theis and M. Lerdau, "The Evolution of Function in Plant Secondary Metabolites," *International Journal of Plant Sciences* 164, no. 3 (May 2003): S93–S102.

two phases of construction: R. Firn, *Nature's Chemicals: The Natural Products That Shaped Our World* (Oxford University Press, 2010).

40,000 chemical products of the terpenoid pathway: S. Steiger et al., "The Origin and Dynamic Evolution of Chemical Information Transfer," *Proceedings of the Royal Society of London: Series B, Biological Sciences* 278, no. 1708 (2011): 970–79, doi:10.1098 /rspb.2010.2285.

mixtures of monoterpenes: Firn, *Nature's Chemicals*.

wild thyme: J. D. Thompson, *Plant Evolution in the Mediterranean* (Oxford University Press, 2005).

The explanation: J. Thompson et al., "Evolution of a Genetic Polymorphism with Climate Change in a Mediterranean Landscape," *Proceedings of the National Academy of Sciences of the United States of America* 110, no. 8 (2013): 2893–97, doi:10.1073 /pnas.1215833110; J. D. Thompson et al., "Ongoing Adaptation to Mediterranean Climate Extremes in a Chemically Polymorphic Plant," *Ecological Monographs* 77, no. 3 (2007): 421–39, doi:10.1890/06-1973.1.

Rosemary: Thompson, *Plant Evolution in the Mediterranean*.

spices also stimulate pain sensors: D. Julius, "TRP Channels and Pain," *Annual Review of Cell and Developmental Biology* 29 (2013): 355–84, doi:10.1146/annurev-cellbio -101011-155833.

Each TRP type is activated: F. Viana, "Chemosensory Properties of the Trigeminal System," *ACS Chemical Neuroscience* 2, no. 1 (2011): 38–50, doi:10.1021/cn100102c.

Cinnamon only stimulates TRPA1: Ibid.

tarantula venom: J. Siemens et al., "Spider Toxins Activate the Capsaicin Receptor to Produce Inflammatory Pain," *Nature* 444, no. 7116 (2006): 208–12, doi:10.1038 /nature05285.

TRP receptors: S. F. Pedersen et al., "TRP Channels: An Overview," *Cell Calcium* 38, nos. 3–4 (2005): 233–52, doi:10.1016/j.ceca.2005.06.028.

learn to enjoy the stimulation: E. Carstens et al., "It Hurts So Good: Oral Irritation by Spices and Carbonated Drinks and the Underlying Neural Mechanisms," *Food Quality and Preference* 13, nos. 7–8 (October–December 2002): 431–43.

Certain TRP genes: S. Saito and M. Tominaga, "Functional Diversity and Evolutionary Dynamics of ThermoTRP Channels," *Cell Calcium* 57, no. 3 (2015): 214–21, doi:10.1016/j.ceca.2014.12.001.

insensitive to this chemical in birds: S. E. Jordt and D. Julius, "Molecular Basis for Species-Specific Sensitivity to 'Hot' Chili Peppers," *Cell* 108, no. 3 (2002): 421–30, doi:10.1016/s0092-8674(02)00637-2.

Experiments with wild chili: J. J. Tewksbury and G. P. Nabhan, "Seed Dispersal—Directed Deterrence by Capsaicin in Chillies," *Nature* 412, no. 6845 (2001): 403–4.

a single gene called *Pun1*: C. Stewart et al., "Genetic Control of Pungency in *C. chinense* via the *Pun1* Locus," *Journal of Experimental Botany* 58, no. 5 (2007): 979–91, doi:10.1093/jxb/erl243.

a fungus called *Fusarium*: J. J. Tewksbury et al., "Evolutionary Ecology of Pungency in Wild Chilies," *Proceedings of the National Academy of Sciences of the United States of America* 105, no. 33 (2008): 11808–11, doi:10.1073/pnas.0802691105.

half the number of seeds: D. C. Haak et al., "Why Are Not All Chilies Hot? A Trade-Off Limits Pungency," *Proceedings of the Royal Society of London: Series B, Biological Sciences* 279, no. 1735 (2012): 2012–17, doi:10.1098/rspb.2011.2091.

甜品 1 甜点——放纵

Fred Plotkin: As told to a master class on opera and food at the Royal Opera House, Covent Garden and broadcast on BBC Radio 4 Food Programme, July 13, 2014, http://www.bbc.co.uk/programmes/b0495lm1 (accessed March 12, 2014).

domesticated in New Guinea: P. H. Moore et al., "Sugarcane: The Crop, the Plant, and Domestication," in *Sugarcane: Physiology, Biochemistry, and Functional Biology* (John Wiley & Sons, 2013), 1–17.

great ape cousins: A. N. Crittenden, "The Importance of Honey Consumption in Human Evolution," *Food and Foodways* 19, no. 4 (2011): 257–73, doi:10.1080/07409710.2011.630618.

consumption of honey by the Hadza: F. W. Marlowe et al., "Honey, Hadza, Hunter-Gatherers, and Human Evolution," *Journal of Human Evolution* 71 (2014): 119–28, doi:10.1016/j.jhevol.2014.03.006.

honeyguides and people do communicate: H. A. Isack and H.-U. Reyer, "Honeyguides and Honey Gatherers: Interspecific Communication in a Symbiotic Relationship," *Science* 243, no. 4896 (1989): 1343–46, doi:10.1126/science.243.4896.1343.

less than a fifth of the time: B. M. Wood et al., "Mutualism and Manipulation in Hadza-Honeyguide Interactions," *Evolution and Human Behavior* 35, no. 6 (2014): 540–46, doi:10.1016/j.evolhumbehav.2014.07.007.

herbs to pacify bees: T. S. Kraft and V. V. Venkataraman, "Could Plant Extracts Have Enabled Hominins to Acquire Honey before the Control of Fire?," *Journal of Human Evolution* 85 (2015): 65–74, doi:10.1016/j.jhevol.2015.05.010.

Pliny the Elder: A. Mayor, "Mad Honey!," *Archaeology* 48, no. 6 (1995): 32–40, doi:10.2307/41771162.

poisoning by mad honey: A. Demircan et al., "Mad Honey Sex: Therapeutic Misadventures from an Ancient Biological Weapon," *Annals of Emergency Medicine* 54, no. 6 (2009): 824–29, http://dx.doi.org/10.1016/j.annemergmed.2009.06.010.

two-thirds of the population: C. L. Ogden et al., "Prevalence of Childhood and Adult Obesity in the United States (2011–2012)," *JAMA* 311, no. 8 (2014): 806–14, doi:10.1001/jama.2014.732.

average across western Europe: M. Ng et al., "Global, Regional, and National Prevalence of Overweight and Obesity in Children and Adults during 1980–2013: A Systematic Analysis for the Global Burden of Disease Study 2013," *The Lancet* 384, no. 9945 (2014): 766–81, doi:10.1016/s0140-6736(14)60460-8.

Hunger has not gone away: A. Sonntag et al. *2014 Global Hunger Index: The Challenge of Hidden Hunger* (International Food Policy Research Institute, 2014).

James Neel: J. V. Neel, "Diabetes Mellitus—a Thrifty Genotype Rendered Detrimental by Progress," *American Journal of Human Genetics* 14, no. 4 (1962): 353–57.

frequency of famines: J. C. Berbesque et al., "Hunter-Gatherers Have Less Famine than Agriculturalists," *Biology Letters* 10, no. 1 (2014), doi:10.1098/rsbl.2013.0853.

BMI of living hunter-gatherers: J. R. Speakman, "Genetics of Obesity: Five Fundamental Problems with the Famine Hypothesis," in *Adipose Tissue and Adipokines in Health and Disease*, 2nd ed., ed. G. Fantuzzi and C. Braunschweig (Springer, 2014), 169–86.

none of them show: E. A. Brown, "Genetic Explorations of Recent Human Metabolic Adaptations: Hypotheses and Evidence," *Biological Reviews* 87, no. 4 (2012): 838–55, doi:10.1111/j.1469-185X.2012.00227.x; Q. Ayub et al., "Revisiting the Thrifty Gene Hypothesis via 65 Loci Associated with Susceptibility to Type 2 Diabetes," *American Journal of Human Genetics* 94, no. 2 (2014): 176–85, doi:10.1016/j.ajhg.2013.12.010.

quite the reverse: L. Segurel et al., "Positive Selection of Protective Variants for Type 2 Diabetes from the Neolithic Onward: A Case Study in Central Asia," *European Journal of Human Genetics* 21, no. 10 (2013): 1146–51, doi:10.1038/ejhg.2012.295.

According to Dr. Robert Lustig: R. H. Lustig, *Fat Chance: Beating the Odds against Sugar, Processed Food, Obesity, and Disease* (Penguin, 2012).

Fructose consumption: Ibid., 21.

caloric intake and expenditure: H. Pontzer et al., "Constrained Total Energy Expenditure and Metabolic Adaptation to Physical Activity in Adult Humans," *Current Biology* 26, no. 3 (February 8, 2016): 410–17, http://dx.doi.org/10.1016/j.cub.2015.12.046.

psychologists have discovered influence us: C. Spence and B. Piqueras-Fiszman, *The Perfect Meal: The Multisensory Science of Food and Dining* (Wiley Blackwell, 2014).

A study of obese patients: R. H. Lustig et al., "Isocaloric Fructose Restriction and Metabolic Improvement in Children with Obesity and Metabolic Syndrome," *Obesity* 24, no. 2 (February 2016), doi:10.1002/oby.21371.

calls fructose a toxin: R. H. Lustig et al., "The Toxic Truth about Sugar," *Nature* 482, no. 7383 (2012): 27, doi:10.1038/482027a.

"paleofantasy": M. Zuk, *Paleofantasy: What Evolution Really Tells Us about Sex, Diet, and How We Live* (Norton, 2013).

甜品 2　奶酪——乳制品

If it could be demonstrated: C. Darwin, *The Origin of Species by Means of Natural Selection* (reprint of the first edition; Penguin, 1859).

Is it conceivable that: quoted in O. T. Oftedal, "The Mammary Gland and Its Origin during Synapsid Evolution," *Journal of Mammary Gland Biology and Neoplasia* 7, no. 3 (2002).

glands that produce milk: C. M. Lefevre et al., "Evolution of Lactation: Ancient Origin and Extreme Adaptations of the Lactation System," *Annual Review of Genomics and Human Genetics* 11 (2010): 219–38, doi:10.1146/annurev-genom-082509-141806; O. T. Oftedal and D. Dhouailly, "Evo-Devo of the Mammary Gland," *Journal of Mammary Gland Biology and Neoplasia* 18, no. 2 (2013): 105–20, doi:10.1007/s10911-013-9290-8.

before the first mammals: O. T. Oftedal, "The Evolution of Milk Secretion and Its Ancient Origins," *Animal* 6, no. 3 (2012): 355–68, doi:10.1017/s1751731111001935.

adaptive function for both mother and infant: C. Holt and J. A. Carver, "Darwinian Transformation of a 'Scarcely Nutritious Fluid' into Milk," *Journal of Evolutionary Biology* 25, no. 7 (2012): 1253–63, doi:10.1111/j.1420-9101.2012.02509.x.

all over southwest Asia: R. P. Evershed et al., "Earliest Date for Milk Use in the Near East and Southeastern Europe Linked to Cattle Herding," *Nature* 455, no. 7212 (2008): 528–31, doi:10.1038/nature07180.

curd cheese: M. Salque et al., "Earliest Evidence for Cheese Making in the Sixth Millennium BC in Northern Europe," *Nature* 493, no. 7433 (2013): 522–25, doi:10.1038/nature11698.

earliest Neolithic farmers: J. Burger et al., "Absence of the Lactase-Persistence-Associated Allele in Early Neolithic Europeans," *Proceedings of the National Academy of Sciences of the United States of America* 104, no. 10 (2007): 3736–41, doi:10.1073/pnas.0607187104.

Caucasus Mountains: Y. Itan et al., "The Origins of Lactase Persistence in Europe," *PLOS Computational Biology* 5, no. 8 (2009), doi:10.1371/journal.pcbi.1000491.

lactase persistence alleles: A. Curry, "The Milk Revolution," *Nature* 500 (2013): 20–22.

calcium: O. O. Sverrisdottir et al., "Direct Estimates of Natural Selection in Iberia Indicate Calcium Absorption Was Not the Only Driver of Lactase Persistence in Europe," *Molecular Biology and Evolution* 31, no. 4 (2014): 975–83, doi:10.1093/molbev/msu049.

Saudi Arabia: N. S. Enattah et al., "Independent Introduction of Two Lactase-Persistence Alleles into Human Populations Reflects Different History of Adaptation to Milk

Culture," *American Journal of Human Genetics* 82, no. 1 (2008): 57–72, doi:10.1016/j .ajhg.2007.09.012.

survey of Irish cheeses: L. Quigley, "High-Throughput Sequencing for Detection of Sub-populations of Bacteria Not Previously Associated with Artisanal Cheeses," *Applied and Environmental Microbiology* 78 (2012): 5717–23.

marine environments: B. E. Wolfe et al., "Cheese Rind Communities Provide Tractable Systems for In Situ and In Vitro Studies of Microbial Diversity," *Cell* 158, no. 2 (2014): 422–33, doi:10.1016/j.cell.2014.05.041.

shares with the nasty *Streptococcus*: Y. J. Goh et al., "Specialized Adaptation of a Lactic Acid Bacterium to the Milk Environment: The Comparative Genomics of *Streptococcus thermophilus* LMD-9," *Microbial Cell Factories* 10 (2011), doi:10.1186/1475-2859 -10-s1-s22.

pages of a book: J. Ropars et al., "A Taxonomic and Ecological Overview of Cheese Fungi," *International Journal of Food Microbiology* 155, no. 3 (2012): 199–210, doi:10.1016/j .ijfoodmicro.2012.02.005.

comparison of the genetics: G. Gillot et al., "Insights into *Penicillium roqueforti* Morphological and Genetic Diversity," *PLOS ONE* 10, no. 6 (2015), doi:10.1371/journal .pone.0129849.

hundreds of bacterial species: L. Quigley et al., "The Complex Microbiota of Raw Milk," *FEMS Microbiology Reviews* 37 (2013): 664–98, doi:10.1111/1574-6976.12030.

microbes: T. P. Beresford et al., "Recent Advances in Cheese Microbiology," *International Dairy Journal* 11 (2001): 259–74.

aroma of cheese: E. J. Smid and M. Kleerebezem, "Production of Aroma Compounds in Lactic Fermentations," *Annual Review of Food Science and Technology* 5, ed. M. P. Doyle and T. R. Klaenhammer (2014): 313–26.

wild-type *L. lactis*: D. Cavanagh et al., "From Field to Fermentation: The Origins of *Lactococcus lactis* and Its Domestication to the Dairy Environment," *Food Microbiology* 47 (2015): 45–61, doi:10.1016/j.fm.2014.11.001.

making the bacterial genes: H. Bachmann et al., "Microbial Domestication Signatures of *Lactococcus lactis* Can Be Reproduced by Experimental Evolution," *Genome Research* 22, no. 1 (2012): 115–24, doi:10.1101/gr.121285.111.

how the effects of disuse: Darwin, *The Origin of Species*, chap. 5.

propionic acid bacteria: E. J. Smid and C. Lacroix, "Microbe-Microbe Interactions in Mixed Culture Food Fermentations," *Current Opinion in Biotechnology* 24, no. 2 (2013): 148–54, doi:10.1016/j.copbio.2012.11.007.

cooperate in the fermentation of yogurt: K. Papadimitriou et al., "How Microbes Adapt to a Diversity of Food Niches," *Current Opinion in Food Science* 2 (2015): 29–35, doi:10.1016/j.cofs.2015.01.001.

bacteriocins: P. D. Cotter et al., "Bacteriocins: Developing Innate Immunity for Food," *Nature Reviews Microbiology* 3, no. 10 (2005): 777–88.

toxin that kills yeast: K. Cheeseman et al., "Multiple Recent Horizontal Transfers of a Large Genomic Region in Cheese Making Fungi," *Nature Communications* 5 (2014): 2876, doi:10.1038/ncomms3876.

饮品 酒——陶醉

hundreds of kinds: N. A. Bokulich et al., "Microbial Biogeography of Wine Grapes Is Conditioned by Cultivar, Vintage, and Climate," *Proceedings of the National Academy of Science USA* (2013), doi:10.1073/pnas.1317377110.

Dekkera, *Pichia*, and *Kloeckera*: I. Tattersall and R. DeSalle, *A Natural History of Wine* (Yale University Press, 2015).

ancestors of modern brewer's yeast: A. Hagman et al., "Yeast 'Make-Accumulate-Consume' Life Strategy Evolved as a Multi-Step Process That Predates the Whole Genome Duplication," *PLOS ONE* 8, no. 7 (2013), doi:10.1371/journal.pone.0068734.

two *ADH* genes: J. M. Thomson et al., "Resurrecting Ancestral Alcohol Dehydrogenases from Yeast," *Nature Genetics* 37, no. 6 (2005): 630–35.

13 and 21 Ma: M. A. Carrigan et al., "Hominids Adapted to Metabolize Ethanol Long before Human-Directed Fermentation," *Proceedings of the National Academy of Sciences of the United States of America* 112, no. 2 (2015): 458–63, doi:10.1073/pnas .1404167111.

pages of this book: There are 380 amino acids in *ADH4.* http://www.uniprot.org/uniprot /P08319#sequences (accessed December 27, 2015).

increase by 40 times: N. J. Dominy, "Ferment in the Family Tree," *Proceedings of the National Academy of Sciences of the United States of America* 112, no. 2 (2015): 308–9, doi:10.1073/pnas.1421566112.

human taste for alcohol: R. Dudley, *The Drunken Monkey: Why We Drink and Abuse Alcohol* (University of California Press, 2014).

ADH1B: T. D. Hurley and H. J. Edenberg, "Genes Encoding Enzymes Involved in Ethanol Metabolism," *Alcohol Research: Current Reviews* 34, no. 3 (2012): 339–44.

much less likely: D. W. Li et al., "Strong Association of the Alcohol Dehydrogenase 1B Gene (*ADH1B*) with Alcohol Dependence and Alcohol-Induced Medical Diseases," *Biological Psychiatry* 70, no. 6 (2011): 504–12, doi:10.1016/j.biopsych.2011.02.024.

cardiovascular disease: M. V. Holmes et al., "Association between Alcohol and Cardiovascular Disease: Mendelian Randomisation Analysis Based on Individual Participant Data," *BMJ* 349 (2014), doi:10.1136/bmj.g4164.

Two such mutations: Hurley and Edenberg, "Genes Encoding Enzymes Involved in Ethanol Metabolism."

coprine: http://en.wikipedia.org/wiki/Coprinopsis_atramentaria#Toxicity (accessed December 30, 2015).

Lactococcus chungangensis: M. Konkit et al., "Alcohol Dehydrogenase Activity in *Lactococcus chungangensis*: Application in Cream Cheese to Moderate Alcohol Uptake," *Journal of Dairy Science* 98, no. 9 (2015): 5974–82, doi:10.3168/jds.2015-9697.

to brew beer: B. Hayden et al., "What Was Brewing in the Natufian? An Archaeological Assessment of Brewing Technology in the Epipaleolithic," *Journal of Archaeological Method and Theory* 20, no. 1 (2013): 102–50, doi:10.1007/s10816-011-9127-y.

Neolithic village of Jiahu: P. E. McGovern et al., "Fermented Beverages of Pre- and Proto-Historic China," *Proceedings of the National Academy of Sciences of the United States of America* 101, no. 51 (2004): 17593–98.

wild plants: P. This et al., "Historical Origins and Genetic Diversity of Wine Grapes," *Trends in Genetics* 22, no. 9 (2006): 511–19, doi:10.1016/j.tig.2006.07.008.

earliest archaeological evidence: P. E. McGovern et al., "Neolithic Resinated Wine," *Nature* 381, no. 6582 (1996): 480–81, doi:10.1038/381480a0.

village of Areni in Armenia: H. Barnard et al., "Chemical Evidence for Wine Production around 4000 BCE in the Late Chalcolithic Near Eastern Highlands," *Journal of Archaeological Science* 38, no. 5 (2011): 977–84, doi:10.1016/j.jas.2010.11.012.

Ian Tattersall and Rob DeSalle: Tattersall and DeSalle, *A Natural History of Wine.*

genetics does corroborate: S. Myles et al., "Genetic Structure and Domestication History of the Grape," *Proceedings of the National Academy of Sciences of the United States of America* 108, no. 9 (2011): 3530–35, doi:10.1073/pnas.1009363108.

domesticated in the western Mediterranean: R. Arroyo-Garcia et al., "Multiple Origins of Cultivated Grapevine (*Vitis vinifera* L. ssp. *sativa*) Based on Chloroplast DNA Polymorphisms," *Molecular Ecology* 15, no. 12 (2006): 3707–14, doi:10.1111 /j.1365-294X.2006.03049.x.

the Georgians: S. Imazio et al., "From the Cradle of Grapevine Domestication: Molecular Overview and Description of Georgian Grapevine (*Vitis vinifera* L.) Germplasm," *Tree Genetics and Genomes* 9, no. 3 (2013): 641–58, doi:10.1007/s11295-013-0597-9.

Santiago de Compostela: J. C. Santana et al., "Genetic Structure, Origins, and Relationships of Grapevine Cultivars from the Castilian Plateau of Spain," *American Journal of Enology and Viticulture* 61, no. 2 (2010): 214–24.

mutations in grape clones: G. Carrier et al., "Transposable Elements Are a Major Cause of Somatic Polymorphism in *Vitis vinifera L*," *PLOS ONE* 7, no. 3 (2012), doi:10.1371/journal.pone.0032973.

Transposable elements: O. Jaillon et al., "The Grapevine Genome Sequence Suggests Ancestral Hexaploidization in Major Angiosperm Phyla," *Nature* 449, no. 7161 (2007): 463–67, doi:10.1038/nature06148.

Pinot Blanc, Pinot Gris: F. Pelsy et al., "Chromosome Replacement and Deletion Lead to Clonal Polymorphism of Berry Color in Grapevine," *PLOS Genetics* 11, no. 4 (2015): e1005081, doi:10.1371/journal.pgen.1005081.

clones producing white grapes: S. Kobayashi et al., "Retrotransposon-Induced Mutations in Grape Skin Color," *Science* 304, no. 5673 (2004): 982, doi:10.1126/science.1095011.

anthocyanin-promoting gene: A. Fournier-Level et al., "Evolution of the *VvMybA* Gene Family, the Major Determinant of Berry Colour in Cultivated Grapevine (*Vitis vinifera* L.)," *Heredity* 104, no. 4 (2010): 351–62, doi:10.1038/hdy.2009.148.

phylloxera: C. Campbell, *The Botanist and the Vintner* (Algonquin Books, 2004).

wild grape from Texas: Ibid.

Concorde grape: J. Granett et al., "Biology and Management of Grape Phylloxera," *Annual Review of Entomology* 46 (2001): 387–412, doi:10.1146/annurev.ento.46.1.387.

survived in China: X. M. Zhong et al., " 'Cabernet Gernischt' Is Most Likely to Be 'Carmenère,' " *Vitis* 51, no. 3 (2012).

local drinks: J. L. Legras et al., "Bread, Beer and Wine: *Saccharomyces cerevisiae* Diversity Reflects Human History," *Molecular Ecology* 16, no. 10 (2007): 2091–102, doi:10.1111/j.1365-294X.2007.03266.x; G. Liti et al., "Population Genomics of Domestic and Wild Yeasts," *Nature* 458, no. 7236 (2009): 337–41, doi:10.1038/nature07743.

oak trees: K. E. Hyma and J. C. Fay, "Mixing of Vineyard and Oak-Tree Ecotypes of *Saccharomyces cerevisiae* in North American Vineyards," *Molecular Ecology* 22, no. 11 (2013): 2917–30, doi:10.1111/mec.12155.

Hornets: I. Stefanini et al., "Role of Social Wasps in *Saccharomyces cerevisiae* Ecology and Evolution," *Proceedings of the National Academy of Sciences of the United States of America* 109, no. 33 (2012): 13398, doi:10.1073/pnas.1208362109.

brewmaster's beard: http://www.rogue.com/rogue_beer/beard-beer/ (accessed January 6, 2016).

39 genes: S. Marsit and S. Dequin, "Diversity and Adaptive Evolution of Saccharomyces Wine Yeast: A Review," *FEMS Yeast Research* 15, no. 7 (2015), doi:10.1093/femsyr/fov067.

flor yeast: H. Alexandre, "Flor Yeasts of *Saccharomyces cerevisiae*—Their Ecology, Genetics and Metabolism," *International Journal of Food Microbiology* 167, no. 2 (2013): 269–75, doi:10.1016/j.ijfoodmicro.2013.08.021.

Saccharomyces carlsbergensis: J. Wendland, "Lager Yeast Comes of Age," Eukaryotic Cell 13, no. 10 (2014): 1256–65, doi:10.1128/EC.00134-14.

餐后话题 1　宴会——社交

five days of feasting: J. McCann, *Stirring the Pot: A History of African Cuisine* (C. Hurst, 2010).

Ethiopia has more livestock: http://www.wolframalpha.com/input/?i=cattle+per+capita +in+African+countries (accessed January 29, 2016).

special dishes: McCann, *Stirring the Pot*, 74.

drought and the spread of rinderpest: P. Webb and J. Von Braun, *Famine and Food Security in Ethiopia: Lessons for Africa* (John Wiley & Sons Canada, 1994).

killing between 600,000 and 1 million: S. Devereux, *Famine in the Twentieth Century* (Institute of Development Studies, 2000).

A third of Ethiopian households: Webb and Von Braun, *Famine and Food Security in Ethiopia*.

$150 million: http://news.bbc.co.uk/1/hi/world/africa/703958.stm (accessed January 17, 2016).

The Descent of Man: C. Darwin, *The Descent of Man, and Selection in Relation to Sex* (J. Murray, 1901).

eight cousins: M. Kohn, *A Reason for Everything* (Faber & Faber, 2004), 281.

Haldane: R. Clark, *J. B. S.: The Life and Work of J. B. S. Haldane* (Bloomsbury, 2011).

Comparative studies: R. Kurzban et al., "The Evolution of Altruism in Humans," *Annual Review of Psychology* 66, ed. S. T. Fiske (2015): 575–99.

Richard Dawkins: Kohn, *A Reason for Everything*, 272.

Among primates: A. V. Jaeggi and C. P. Van Schaik, "The Evolution of Food Sharing in Primates," *Behavioral Ecology and Sociobiology* 65, no. 11 (2011): 2125–40, doi:10.1007/s00265-011-1221-3.

Cicero: M. Ridley, *The Origins of Virtue* (Viking, 1996).

Dear Septicius Clarus: A. Dalby and S. Grainger, *The Classical Cookbook* (British Museum Press, 1996), 100.

how hunter-gatherers share food: M. Gurven, "To Give and to Give Not: The Behavioral Ecology of Human Food Transfers," *Behavioral and Brain Sciences* 27, no. 4 (2004): 543–83; A. V. Jaeggi and M. Gurven, "Reciprocity Explains Food Sharing in Humans and Other Primates Independent of Kin Selection and Tolerated Scrounging: A Phylogenetic Meta-Analysis," *Proceedings of the Royal Society of London: Series B, Biological Sciences* 280, no. 1768 (2013), doi:10.1098/rspb.2013.1615.

animal societies: T. Clutton-Brock, "Cooperation between Non-Kin in Animal Societies," *Nature* 461, no. 7269 (2009): 51–57.

the best strategy: M. Tomasello et al., "Two Key Steps in the Evolution of Human Cooperation: The Interdependence Hypothesis," *Current Anthropology* 53, no. 6 (2012): 673–92, doi:10.1086/668207.

shared it under duress: I. C. Gilby, "Meat Sharing among the Gombe Chimpanzees: Harassment and Reciprocal Exchange," *Animal Behaviour* 71 (2006): 953–63, doi:10.1016/j.anbehav.2005.09.009.

Gombe: Ibid.

oxytocin: R. M. Wittig et al., "Food Sharing Is Linked to Urinary Oxytocin Levels and Bonding in Related and Unrelated Wild Chimpanzees," *Proceedings of the Royal Society of London: Series B, Biological Sciences* 281, no. 1778 (2014), doi:10.1098/rspb.2013.3096.

children happily share food: Tomasello et al., "Two Key Steps in the Evolution of Human Cooperation."

nor quite possibly do they care: J. M. Engelmann et al., "The Effects of Being Watched on Resource Acquisition in Chimpanzees and Human Children," *Animal Cognition* 19, no. 1 (2016): 147–51, doi:10.1007/s10071-015-0920-y.

photograph of a pair of eyes: M. Bateson et al., "Cues of Being Watched Enhance Cooperation in a Real-World Setting," *Biology Letters* 2, no. 3 (2006): 412–14, doi:10.1098/rsbl.2006.0509.

Othello: W. Shakespeare, *Othello*, in *Complete Works of William Shakespeare RSC Edition*, ed. J. Bate and E. Rasmussen (Macmillan, 2006), 3.3.

Boar á la Troyenne: A. Soyer, *The Pantropheon: Or, a History of Food and Its Preparation in Ancient Times* (Paddington Press, 1977).

engastration escalation: www.dailymail.co.uk/news/article-502605/It-serves-125-takes-hours-cook-stuffed-12-different-birds-really-IS-Christmas-dinner.html (accessed February 9, 2016).

potlatch feast: Ridley, *The Origins of Virtue.*

New Guinea: B. Hayden, *The Power of Feasts* (Cambridge University Press, 2014).

餐后话题 2　未来的食物

climate change: A. J. Challinor et al., "A Meta-Analysis of Crop Yield under Climate Change and Adaptation," *Nature Climate Change* 4, no. 4 (2014): 287–91, doi:10.1038/nclimate2153.

adapt food production: B. McKersie, "Planning for Food Security in a Changing Climate," *Journal of Experimental Botany* 66, no. 12 (2015): 3435–50, doi:10.1093/jxb/eru547.

No hunter of the Age of Fable: A. D. Hope, "Conversations with Calliope," in *Collected Poems, 1930–1970* (Angus and Robertson, 1972), http://www.poetrylibrary.edu.au/poets/hope-a-d/conversation-with-calliope-0146087 (accessed February 20, 2016).

Two key books: P. R. Ehrlich, *The Population Bomb* (Ballantine, 1968); D. H. Meadows, *The Limits to Growth: A Report for the Club of Rome's Project on the Predicament of Mankind* (Earth Island Ltd., 1972).

food supply: L. T. Evans, *Feeding the Ten Billion: Plants and Population Growth* (Cambridge University Press, 1998).

natural habitat: J. R. Stevenson et al., "Green Revolution Research Saved an Estimated 18 to 27 Million Hectares from Being Brought into Agricultural Production," *Proceedings of the National Academy of Sciences of the United States* 110, no. 21 (2013): 8363.

Borlaug: N. Borlaug, "Norman Borlaug—Nobel Lecture: The Green Revolution, Peace, and Humanity," 1970, http://www.nobelprize.org/nobel_prizes/peace/laureates/1970/borlaug-lecture.html (accessed February 20, 2016).

raising average yields: Evans, *Feeding the Ten Billion.*

current trends: D. K. Ray et al., "Yield Trends Are Insufficient to Double Global Crop Production by 2050," *PLOS ONE* 8, no. 6 (2013), doi:10.1371/journal.pone.0066428.

reducing food waste: M. Kummu et al., "Lost Food, Wasted Resources: Global Food Supply Chain Losses and Their Impacts on Freshwater, Cropland, and Fertiliser Use," *Science of the Total Environment* 438 (2012): 477–89, doi:10.1016/j.scitotenv.2012.08.092.

eat less meat: V. Smil, *Should We Eat Meat? Evolution and Consequences of Modern Carnivory* (Wiley-Blackwell, 2013).

mutations responsible: A. Sasaki et al., "Green Revolution: A Mutant Gibberellin-Synthesis Gene in Rice—New Insight into the Rice Variant That Helped to Avert Famine over Thirty Years Ago," *Nature* 416, no. 6882 (2002): 701–2, doi:10.1038/416701a.

salt tolerance: R. Munns et al., "Wheat Grain Yield on Saline Soils Is Improved by an Ancestral Na$^+$ Transporter Gene," *Nature Biotechnology* 30, no. 4 (2012): 360–64, doi:10.1038/nbt.2120.

mechanism of photosynthesis: S. P. Long et al., "Meeting the Global Food Demand of the Future by Engineering Crop Photosynthesis and Yield Potential," *Cell* 161, no. 1 (2015): 56–66, doi:10.1016/j.cell.2015.03.019; J. Kromdijk et al., "Improving Photosynthesis and Crop Productivity by Accelerating Recovery from Photoprotection," *Science* 354, no. 6314 (2016): 857–61, doi:10.1126/science.aai8878.

Romania: P. Ronald and R. W. Adamchak, *Tomorrow's Table: Organic Farming, Genetics, and the Future of Food*, 2nd ed. (Oxford University Press, 2017).

a survey: C. Funk and L. Rainie, "Public Opinion about Food," in *Americans, Politics and Science Issues* (Pew Research Center, 2015).

misled: W. Saletan, "Unhealthy Fixation," *Slate.com*, July 15, 2015, http://www.slate .com/articles/health_and_science/science/2015/07/are_gmos_safe_yes_the_case _against_them_is_full_of_fraud_lies_and_errors.html (accessed August 19, 2016).

safety of GM crops: A. Nicolia et al., "An Overview of the Last 10 Years of Genetically Engineered Crop Safety Research," *Critical Reviews in Biotechnology* 34, no. 1 (2014): 77–88, doi:10.3109/07388551.2013.823595.

now argue instead: H. van Bekkem and W. Pelegrina, "Food Security Can't Wait for GE's Empty Promises," June 30, 2016, http://www.greenpeace.org/international/en /news/Blogs/makingwaves/food-security-GE-empty-promises/blog/56913/ (accessed August 20, 2016).

benefits of GM technology: National Academies of Sciences Engineering and Medicine, *Genetically Engineered Crops: Experiences and Prospects* (National Academies Press, 2016), doi:10.17226/23395.

Papaya modified: D. Gonsalves, "Control of Papaya Ringspot Virus in Papaya: A Case Study," *Annual Review of Phytopathology* 36 (1998): 415–37, doi:10.1146/annurev .phyto.36.1.415.

Thailand in 2004: S. N. Davidson, "Forbidden Fruit: Transgenic Papaya in Thailand," *Plant Physiology* 147, no. 2 (2008): 487–93, doi:10.1104/pp.108.116913.

golden rice: Saletan, "Unhealthy Fixation."

denied access to GM varieties: R. L. Paarlberg, *Starved for Science: How Biotechnology Is Being Kept Out of Africa* (Harvard University Press, 2008).

GM eggplant: E. Hallerman and E. Grabau, "Crop Biotechnology: A Pivotal Moment for Global Acceptance," *Food and Energy Security* 5, no. 1 (2016): 3–17, doi:10.1002 /fes3.76.

sustainable agriculture: Ronald and Adamchak, *Tomorrow's Table*.

Mark Lynas: M. Lynas, "How I Got Converted to GMO Food," *New York Times*, April 24, 2015.

GMOs are impossible to define: N. Johnson, "It's Practically Impossible to Define 'GMOs,'" December 21, 2015, https://grist.org/food/mind-bomb-its-practically -impossible-to-define-gmos/ (accessed March 20, 2016).

Rhizobium radiobacter: M. Van Montagu, "It Is a Long Way to GM Agriculture," *Annual Review of Plant Biology* 62 (2011): 1–23, doi:10.1146/annurev-arplant-042110-103906.

Genome of the domesticated sweet potato: T. Kyndt et al., "The Genome of Cultivated Sweet Potato Contains *Agrobacterium* T-DNAs with Expressed Genes: An Example of a Naturally Transgenic Food Crop," *Proceedings of the National Academy of Sciences* 112, no. 18 (2015): 5844–49, doi:10.1073/pnas.1419685112.

CRISPR-Cas9: J. A. Doudna and E. Charpentier, "The New Frontier of Genome Engineering with CRISPR-Cas9," *Science* 346, no. 6213 (2014), doi:10.1126/science.1258096.

wheat susceptible to mildew: S. Huang et al., "A Proposed Regulatory Framework for Genome-Edited Crops," *Nature Genetics* 48, no. 2 (2016): 109–11, doi:10.1038 /ng.3484, http://www.nature.com/ng/journal/v48/n2/abs/ng.3484.html#supplementary -information (accessed March 12, 2014).

Dietary studies confirm: C. T. McEvoy et al., "Vegetarian Diets, Low-Meat Diets and Health: A Review," *Public Health Nutrition* 15, no. 12 (2012): 2287–94, doi:10.1017 /s1368980012000936.

recipe book: D. Bateson and W. Janeway, *Mrs. Charles Darwin's Recipe Book: Revived and Illustrated* (Glitterati, 2008).